U0291556

日本建筑大师图鉴

[日本]二村悟 著
彭逸飞 译

江苏凤凰科学技术出版社·南京

NIHON NO KENCHIKUKA KAIBOUZUKAN
©SATORU NIMURA 2019
Originally published in Japan in 2019 by X-Knowledge Co., Ltd.
Chinese (in simplified character only) translation rights arranged with
X-Knowledge Co., Ltd.

江苏省版权局著作权合同登记　图字：10-2021-46

图书在版编目（CIP）数据

日本建筑大师图鉴 / (日) 二村悟著 ; 彭逸飞译
. -- 南京 : 江苏凤凰科学技术出版社, 2022.3
ISBN 978-7-5713-2771-2

Ⅰ. ①日… Ⅱ. ①二… ②彭… Ⅲ. ①建筑艺术－日本－近代－图集 Ⅳ. ①TU-881.313

中国版本图书馆CIP数据核字(2022)第028553号

日本建筑大师图鉴

著　　者	[日本] 二村悟
译　　者	彭逸飞
项目策划	凤凰空间／陈　景
责任编辑	赵　研　刘屹立
特约编辑	罗远鹏
出版发行	江苏凤凰科学技术出版社
出版社地址	南京市湖南路1号A楼，邮编：210009
出版社网址	http：//www.pspress.cn
总　经　销	天津凤凰空间文化传媒有限公司
总经销网址	http：//www.ifengspace.cn
印　　刷	北京军迪印刷有限责任公司
开　　本	889 mm×1194 mm　1／32
印　　张	5
字　　数	160 000
版　　次	2022年3月第1版
印　　次	2022年3月第1次印刷
标准书号	ISBN　978-7-5713-2771-2
定　　价	49.80元

图书如有印装质量问题，可随时向销售部调换（电话：022-87893668）。

前言

日本近现代建筑的魅力

我在大学二年级开始学习建筑不久后，有幸拜读了藤森照信教授所著的《日本的近代建筑》，自此便被日本近代建筑的魅力所折服。还记得那时的我，曾沉迷到拿着从旧书店淘来的《建筑侦探入门手册》漫步在东京和横滨的街头，寻找一处处近代建筑的踪迹。

我所感受到的近现代建筑的魅力之一是功能的多样性，除了住宅、民家※、神社寺庙、城郭、茶室等传统建筑之外，还有公共建筑、住宿建筑、办公建筑、工业建筑、交通基础设施、土木建筑工程等近代出现的建筑，根据用途的不同，其价值和评价的角度也不同，很有意思。另外，随着西方设计风格和技术的引入，建筑师这一职业在日本被正式确立，个人风格突出的感性设计作品问世，以及发展出多样的研究方向与方法等，都是这一时期的产物。

※ 在日本建筑史和民俗学的概念中，指江户时期底层民众的住宅以及明治维新后采用传统建造方式建设的住宅。

建筑是历史的载体

目前我正带领工学院大学的学生与爱媛县伊方町合作，广泛征求意见并积极推动对当地“旧佐佐木住宅”的保护与再利用。建筑作为永恒的景观，对于了解和体验当地历史有着非常重要的作用，也是承载该地区历史不可或缺的载体。通过参加这样的活动，“日本建筑很有趣”“想更多地了解历史建筑”等想法涌上心头，我认为这样的想法对于推动历史建筑的保护和再利用非常重要。

当我还是一名学生时，我通过《日本的近代建筑》和《建筑侦探入门手册》感受到了近现代建筑的魅力，因此也希望通过本书能使更多的读者了解和体会日本近现代建筑的趣味。

二村悟

2019 年 12 月

本书的结构

本书通过插图展现了日本近现代建筑师及其代表作品，并依据社会背景和建筑师的活跃时期，将本书分成“明治时代”“大正时代”“昭和时代（二战前）”“昭和时代（二战后）”四个主要章节。本书根据以下三个条件选择建筑师:（1）建筑师是否在日本接受过建筑教育;（2）建筑是否留存，是否可以参观;（3）尽可能多地涵盖不同地域空间、建筑样式和受教育背景等。因此没有收录清家清、广濑镰二、池边阳、增泽洵等现代著名的住宅建筑师。不过，根据平成八年（1996）颁布的“国家登录有形文化遗产制度”，建筑物建成五十年后就有资格申请成为日本登录有形文化遗产。因此，作为潜在的保护对象及将来可能会受到关注等因素的建筑及其设计者，本书也有所介绍。

目录

1 明治时代

2 大正时代

3 昭和时代（二战前）

4 昭和时代（二战后）

资料

后记

1

明治时代

明治时代是日本建筑师诞生的时代，辰野金吾和片山东熊等建筑大师们引领日本建筑走向新的阶段，如今日本大学中的建筑教育也始于这一时期。自明治中期起，原先作为手工艺人的工匠也开始在学校中系统地学习建筑知识。明治时代的建筑风格也发生了翻天覆地的变化，发展出这些新的设计风格的建筑师们纷纷涌现，例如继承并发展了东方风格和日本风格的伊藤忠太、受到新艺术运动影响的武田五一等。可以说，明治时代是孕育日本近现代建筑的沃土。

1 明治时代

辰野金吾

功在千秋的日本近代建筑之父

为日本建筑史的开端做出的贡献

大学毕业后，辰野被工部省派往英国留学，在伦敦大学就读的同时，还在英国建筑师威廉·伯吉斯的事务所实习。据说当时伯吉斯曾问辰野："听说日本有很多古老的神社和寺庙，那是什么样的建筑呢？"当时的辰野无法做出回答，而这件事成为了他日后致力于推动日本建筑教育和建筑史研究的契机之一。归国后，辰野努力推动建筑学课程的设立，明治十九年（1886），他就任帝国大学工科大学教授，明治二十二年（1889）起他将日本建筑学的教学工作托付给了木子清敬。

辰野金吾是日本第一代建筑师，其除了东京站代表作外还留下了许多杰作。在设计上，他深受老师乔赛亚·康德尔和英国建筑风格的影响，创造出被称为"辰野式"的独特建筑风格。

此外，他还致力于推动教育事业发展，曾担任帝国大学工科大学校长、建筑学会（现日本建筑学会）会长，是明治时代建筑界的领军人物。明治三十五年（1902），辰野辞去教授职务，并于次年开设了设计事务所，这也是日本第一家个人设计事务所。

银行建筑的代表作，日本银行总部

日本银行是日本唯一一家冠以国名的银行，日本银行总部是辰野的代表作之一。其原本计划于明治十五年（1882）在永代桥附近建成并开业，但因其原址面积狭小，所以于明治二十一年（1888）开始计划新建，并委托辰野负责设计。明治二十九年（1896）竣工后，银行搬迁到现址。

由日本建筑师打造的真正的历史主义建筑，中央设计有圆顶，正面和左右两翼配有列柱，具有新巴洛克风格和文艺复兴风格的特点。

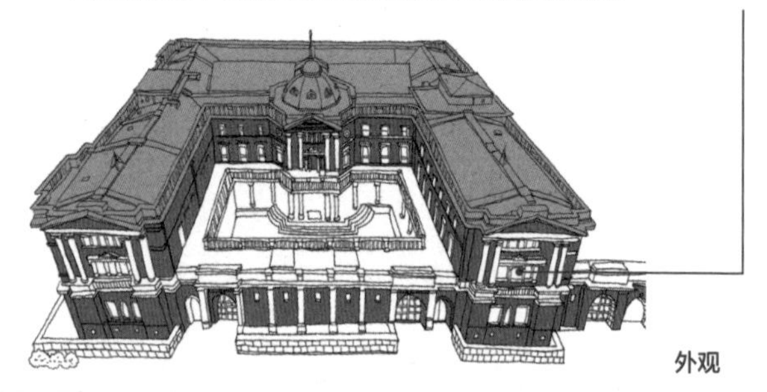

外观

- 1854年　10月13日出生于日本肥前国唐津藩（今佐贺县唐津市）
- 1873年　工部省工学寮入学※
- 1879年　作为第一批建筑学科毕业生毕业
- 1880年　赴英国进行为期五个月的研修并在伦敦的威廉·伯吉斯事务所进行为期一年的实习
- 1883年　返日后，工部省任职
- 1884年　任工部大学校教授
- 1886年　成立辰野金吾建筑事务所，参与设立建筑学会（现日本建筑学会）
- 1888年　任临时建筑局工程师，参与建立工手学校（现工学院大学）
- 1898年　任帝国大学工科大学校长
- 1903年　与葛西万司一起，在东京成立辰野葛西建筑事务所
- 1905年　与片冈安一起，在大阪成立辰野片冈建筑事务所，任建筑学会会长（至1917年）
- 1919年　3月25日逝世

※ 工部省工学寮（1873—1877）是现在东京大学工学部的前身。后依次更名为工部大学校（1877—1886）、帝国大学工科大学（1886—1897）、东京帝国大学工科大学（1897—1919）、东京帝国大学工学部（1919—1947）、东京大学工学部（1947至今）。

“辰野式”是砖造建筑的精髓

辰野的设计沿袭了老师康德尔所擅长的英国维多利亚时代的哥特式复兴风格。这种风格的建筑多采用欧洲当地盛产的红砖和白色粗石，辰野将建筑设计成红砖墙壁配以白色石材饰带的风格，给人以坚实庄严的印象，同时将具有标志性的塔楼或圆顶结构融入建筑。由此形成了自己独特的设计风格，被称为“辰野式”。

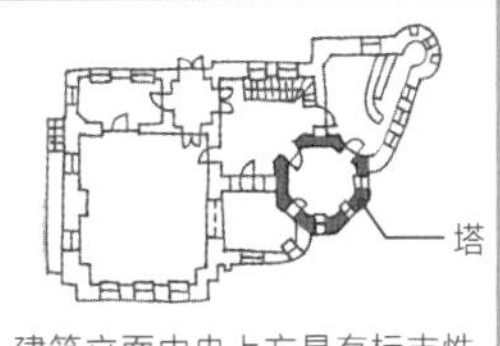

建筑立面中央上方具有标志性的圆顶和耸立其上的尖塔

屋顶由嵌着老虎窗的孟莎式屋顶和圆屋顶组合而成

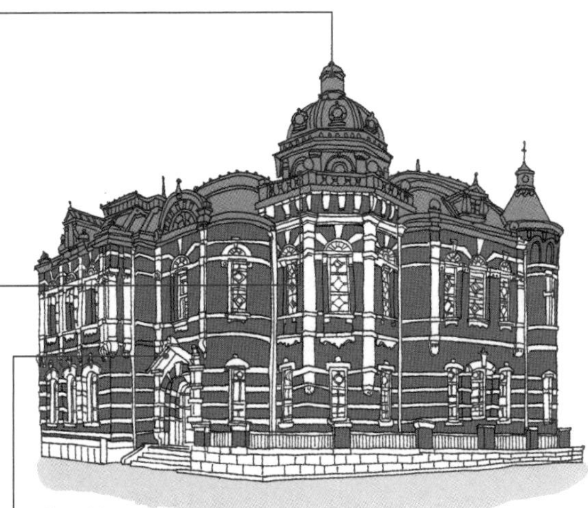

外观（福冈市红砖文化馆）

由辰野和片冈安共同设计的砖造的两层建筑。入口处配以立柱与三角楣来突出主入口

三角楣（又称山花）

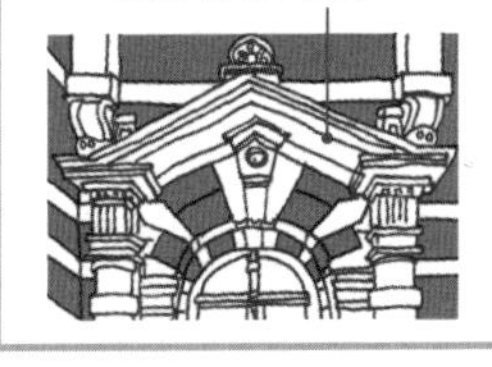

外观（岩手银行红砖馆）

与上图中的福冈市红砖文化馆一样，岩手银行红砖馆的立面中央位置也有圆顶和尖塔的设计。不同的是，前者的圆顶和建筑物的其他屋顶高度几乎齐平，而后者的圆顶则高出整体一层

人物关系图

乔赛亚·康德尔 — 辰野金吾、片山东熊、妻木赖黄、曾弥达藏

辰野金吾从工学寮毕业后前往英国留学，师从于著名建筑师乔赛亚·康德尔，之后在威廉·伯吉斯的事务所实习。辰野与康德尔的另外两名学生片山东熊和妻木赖黄，被誉为明治时代日本建筑界的三大巨匠。同为康德尔学生的曾弥达藏是辰野大学时期的同学，他也是辰野的知己。

日本银行总部竣工：1896 年｜所在地：东京都中央区日本桥本石町 2-1-1
福冈市红砖文化馆（旧日本生命保险公司九州分店）竣工：1909 年｜所在地：福冈县福冈市中央区天神 1-15-30
岩手银行红砖馆（旧盛冈银行）竣工：1911 年｜所在地：岩手县盛冈市中之桥通 1-2-20

片山东熊▼4页 — 曾弥达藏▼6页 — 妻木赖黄▼12页

1 明治时代

片山东熊

法国派的宫廷建筑师

忠于天皇的建筑大师

据说片山东熊的体格十分魁梧，甚至无法坐进普通的人力车，但因为在皇室工作，他为人非常谨慎谦虚。片山对明治天皇忠心耿耿，甚至将拜见天皇时所穿的衣服很小心地保存起来。或许也是因为这个原因，传闻当片山听到天皇评价自己设计的赤坂离宫“太过奢华”时，他感到非常失落，并自此一蹶不振。

辰野金吾若是一位民间建筑师的话，那么他的竞争对手片山东熊则是一位御用建筑师。当时，以辰野为代表的英国派和以妻木赖黄为代表的德国派势均力敌，与他们两派相比，片山所代表的法国派为弱势，代表人物仅有他和山口半六两人。

明治二十年（1887），进入宫内省工作的片山最先着手于皇族及华族※宅邸的设计，后来还设计了奈良和京都的帝国博物馆、东京的芝离宫和赤坂离宫以及位于神户的武库离宫等多座宫廷建筑。

法国文艺复兴建筑样式的佳作

京都帝室博物馆参照了法国文艺复兴的建筑样式，采用巴洛克风格的设计手法。正面中央是约两层高的主入口，上方附有很大的三角楣，孟莎式屋顶藏在三角楣后侧，如小山丘般隆起。前后的屋顶上各有一扇半圆形的大窗，窗周围饰有山墙和成对的壁柱。

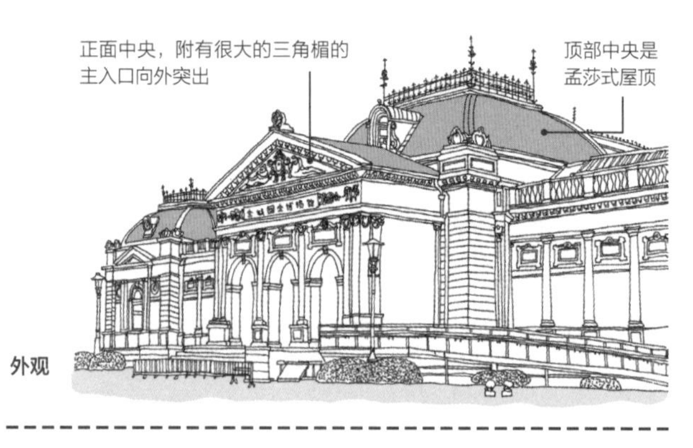

外观

1854 年　1 月 18 日出生于山口县
1873 年　工部省工学寮入学
1879 年　作为第一批建筑学科毕业生毕业，任工部八等技术员
1881 年　参与有栖川宫邸的建造工作
1882 年　随有栖川宫炽仁亲王的使节团赴欧洲参加沙皇亚历山大三世的加冕仪式，并访问欧洲各国，于 1884 年回国
1886 年　任建筑局四等工程师，为建造皇居，前往德国调查宫殿装饰
1887 年　任宫内省内匠寮匠师
1897 年　为建造东宫御所，前往欧洲和美国考察
1898 年　回国后任东宫御所御造营局技监
1904 年　任内匠寮总领，兼任东宫御所御造营局技监
1910 年　任议院建筑筹备委员会委员
1915 年　退休后任宫中顾问官
1917 年　10 月 24 日逝世

※ 贵族中，与天皇有血缘关系的称为皇族，没有血缘关系的称为华族。

欧式宫廷建筑的终极之作：赤坂离宫

“这是日本最大的宫殿建筑。”辰野曾这样评价赤坂离宫。其外观是帕拉第奥样式（一种欧洲风格的建筑样式，起源于文艺复兴时期建筑师安德烈亚·帕拉第奥的设计手法），内部是法国文艺复兴样式。正立面参照巴洛克建筑样式，饰以三角楣和排列整齐的壁柱，显得稳固又庄重。藤森照信称赤坂离宫是世界上最后一座建成的欧式宫廷风格建筑。

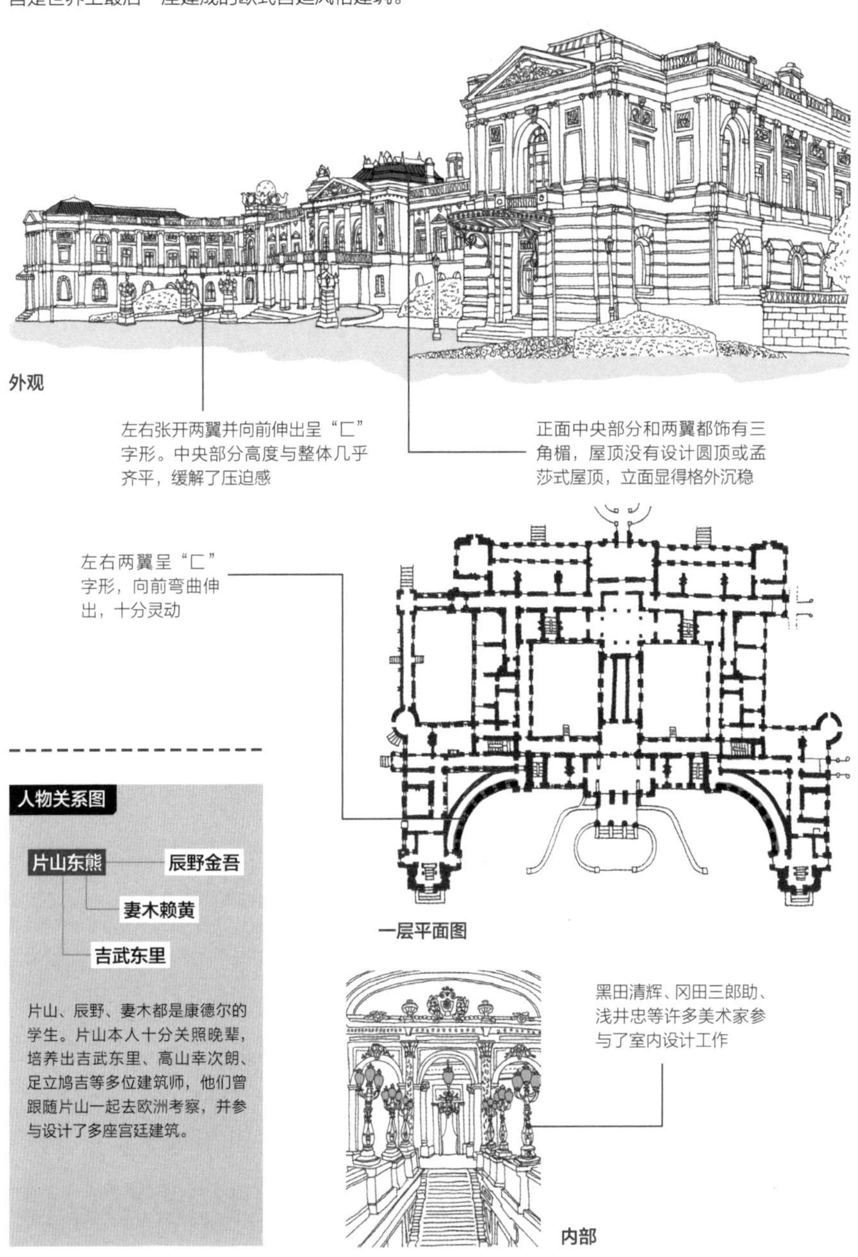

片山、辰野、妻木都是康德尔的学生。片山本人十分关照晚辈，培养出吉武东里、高山幸次朗、足立鸠吉等多位建筑师，他们曾跟随片山一起去欧洲考察，并参与设计了多座宫廷建筑。

京都帝室博物馆（现京都国立博物馆）竣工：1895 年｜所在地：京都府京都市东山区茶屋町 527
迎宾馆赤坂离宫竣工：1909 年｜所在地：东京都港区元赤坂 2-1-1

1 明治时代

曾弥达藏

推动建筑师在日本职业化

想成为历史学家的建筑师

中村达太郎谈及曾弥，回忆说“他是一个热情又真挚的人”，并试图将曾弥与片山、辰野、妻木一起打造成明治时代四大巨匠，不过因为曾弥本人不热衷于自我宣传，所以只好放弃。曾弥出身于上级武士家庭，十几岁时作为幕府末期的彰义队[※1]的一员逃到会津藩，之后奉命离开会津得以幸存。据藤森照信说，曾弥在晚年回忆一生时曾说过“我想成为历史学家而不是建筑师”。虽然没能成为历史学家，但他作为建筑师对社会进步做出了重要贡献。

曾弥达藏也是工部大学校建筑学科的第一批毕业生之一，与辰野金吾、藤本寿吉一样，是英国派中具有代表性的建筑师。毕业后，他曾在海军省工作过一段时间，明治二十三年（1890）辞职后进入三菱公司工作。曾弥跟随康德尔，以三菱一号馆的建设为起点，一幢接一幢设计出了丸之内商业区[※2]。

明治三十九年（1906），曾弥从三菱公司退休，在东京开设了自己的建筑事务所。两年后，中条精一郎加入，事务所改名为“曾弥中条建筑事务所”。继辰野等人之后，曾弥进一步促进了建筑师这一职业在日本的确立。

殖民风格的占胜阁

占胜阁全称是三菱重工业长崎造船厂占胜阁，是一座两层的木造西式建筑，并配有庭院，最初作为三菱造船厂第二任厂长的住宅使用。尽管不向公众开放，但它作为“明治时代日本工业革命遗产”之一，在平成二十七年（2015）被评定为世界遗产。

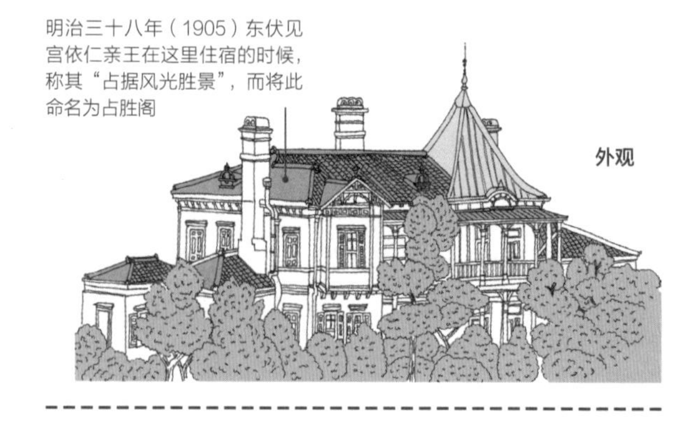

1853 年	1 月 3 日出生于江户的唐津藩
1873 年	进入工部省工学寮建筑学科就读
1879 年	从工学寮毕业后，同年任工部省八等技术员
1882 年	任工部大学校助教
1886 年	任帝国大学工科大学助教，离职后进入海军省工作，任第 2 海军区和第 3 海军区镇守府建筑委员
1890 年	任海军省吴镇守府（位于广岛县吴市）建筑部长，辞职后进入三菱公司
1892 年	受邀担任帝国大学工科大学建筑学科讲师
1906 年	从三菱公司退休，转而担任顾问，开设个人建筑事务所
1908 年	与中条精一郎合伙开设“曾弥中条建筑事务所”
1937 年	12 月 6 日逝世

三菱一号馆

※1 明治维新时期，由旧幕府势力组成的武装部队，在上野战争中败北。
※2 日本著名的 CBD 之一，东京站就位于此地。由于三菱集团旗下企业的总部多设于此，这里常被称为三菱大本营。

小巧的红砖建筑：旧东京仓库兵库办事处（现石川大厦）

这幢建筑于明治三十七年（1904）五月开始施工，明治三十八年（1905）七月建成开业。由森梅吉担任现场监理，承包商是松本市藏。由于地面松软，施工难度很大，建筑基础施工时，甚至挖了约 2.3 米的地基打木桩，铺碎石压实后，又浇灌混凝土来稳固建筑。

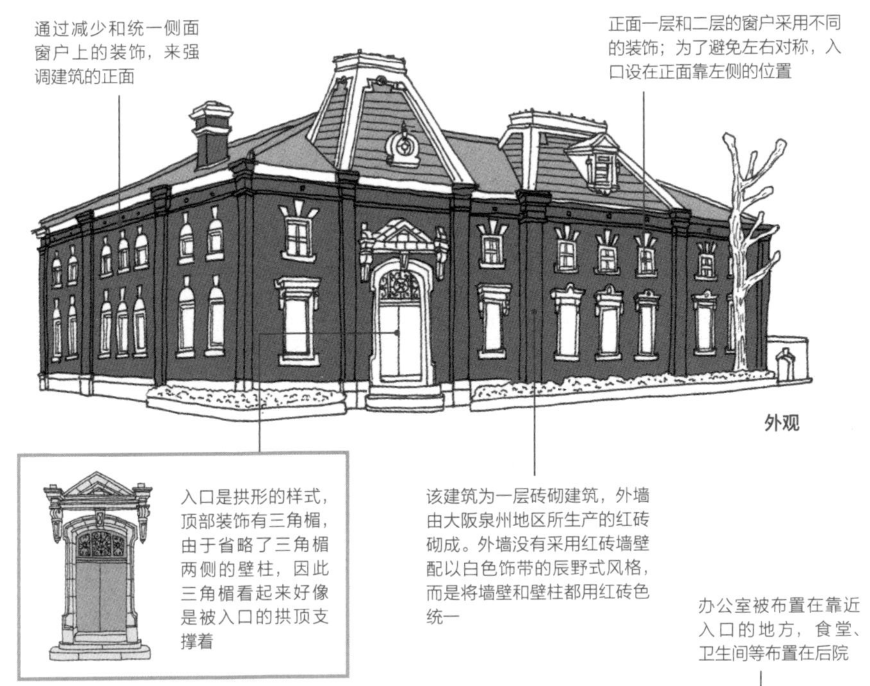

外观

办公室被布置在靠近入口的地方，食堂、卫生间等布置在后院

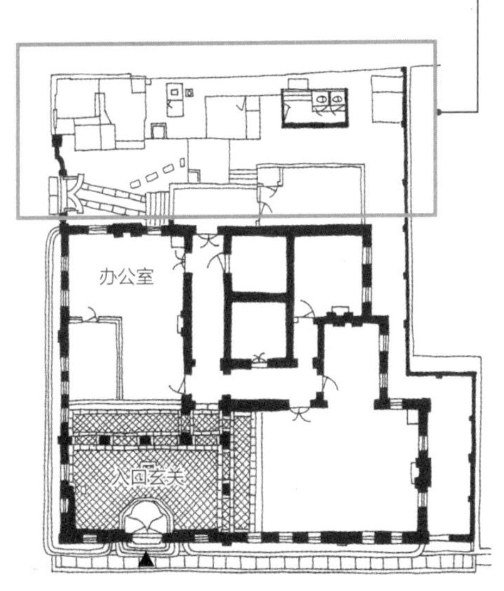

一层平面图

人物关系图

曾弥达藏 — 乔赛亚·康德尔

中条精一郎

康德尔和曾弥两人年龄相仿，相处十分融洽。据铃木博之回忆，在当时的第一批毕业生中，康德尔给予曾弥很高的评价，两人一起合作设计过许多作品，其中包括被重建了的三菱一号馆在内的丸之内商业区，其在当时被称为“伦敦一号街”，而当时的设计部门“丸之内建筑所”也演变成了今天的“三菱地所株式会社”。

·三菱重工业长崎造船厂占胜阁竣工：1904 年｜所在地：非公开

石川大厦（旧东京仓库兵库办事处）竣工：1905 年｜所在地：兵库县神户市兵库区岛上町 1-2-10

1 明治时代

山口半六

法国派的建筑设计师兼城市规划专家

一个优游不迫的人

在《日本博士全传》一书中，山口被形容为一个彬彬有礼、一视同仁的人。伊藤忠太回忆起山口时也说："我听说他个子很高，待人处事优游不迫。"另外，河合浩藏评价山口是一个非常聪明的人。

山口是在以康德尔为中心的英国派和以妻木赖黄为中心的德国派平分势力的当时，为数不多的法国派建筑师之一。由他设计的于明治二十一年（1888）建成的帝国大学理科大学主楼就是典型的法国文艺复兴样式的建筑。

山口曾去法国留学，回国后进入三菱公司工作，后来进入文部省，参与了许多学校建筑的建设工作。作为工部大学校的毕业生，山口不仅擅长建筑设计，还擅长城市规划，这得益于他在巴黎中央理工学院留学的时候，学习过有关下水道、道路和河道等土木类知识。

法国样式的兵库县公馆 ※

兵库县公馆是一座法国文艺复兴样式的建筑，曾作为政府大楼使用，现在是日本国家登录有形文化遗产之一。原为三层砖砌建筑，后来经过翻修，部分结构改为钢筋混凝土结构。建筑的梯形屋顶曾在二战时受损，如今已按照原状修复。

外观

中央的孟莎式屋顶是文艺复兴样式建筑的表现

1858 年	8 月 23 日出生于岛根县松江市
1871 年	进入大学南校（今天的东京大学的前身之一）就读
1876 年	作为第二批文部省留学生去欧洲留学，就读于巴黎中央理工学院
1879 年	从巴黎中央理工学院建筑学专业毕业，在当地建筑事务所实习，后来在砖块公司任研究职务
1881 年	返日
1882 年	进入三菱汽船会社（现日本邮船）工作
1885 年	任职于文部省，从事与学校建设相关的工作
1892 年	因病从文部省离职
1894 年	就职于桑原政工业事务所，任建筑部长（设乐贞雄当时是他的部下）
1899 年	成立山口半六建筑事务所（代理所长是设乐贞雄，社员有木下益治郎等人）
1900 年	受长崎市的委托，负责长崎市的城市规划和设计工作，赴长崎市进行调研，同年因病逝世

※ 这座建筑是山口设计的民间建筑中唯一现存的建筑，也是山口的遗作。山口逝世后，于 1902 年建成。

砖造学校建筑：熊本大学五高纪念馆及化学实验楼

纪念馆由山口和久留正道一起合作设计，化学实验楼由山口一人设计。两座建筑都于明治二十二年（1889）竣工，并与学校的正门一起被列为日本重要文化遗产。纪念馆是二层建筑，化学实验楼是一层建筑，两者都是砖砌结构。对比两座建筑，可以发现两者的设计手法很相似，推测设计方案应该主要出自山口之手。

外观（纪念馆）

俯瞰图（纪念馆）

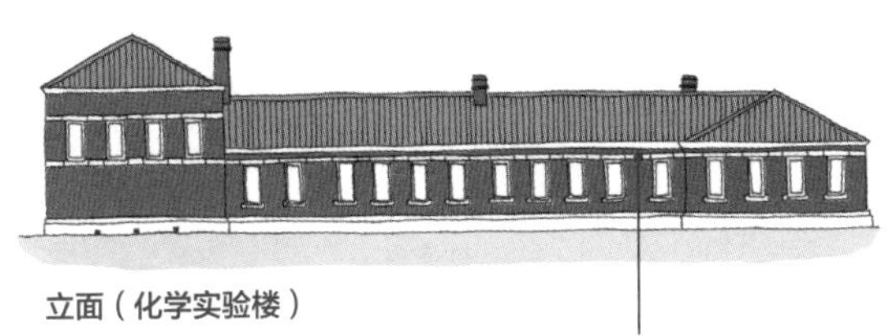

立面（化学实验楼）

现存的包括学校正门在内的三座建筑物，作为 19 世纪学校建筑的代表，具有很高的价值。三座建筑都采用了红砖壁面配以白色饰带的设计手法

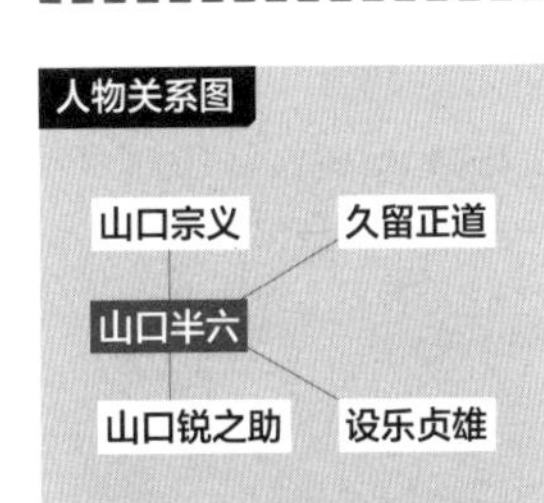

山口半六的哥哥山口宗义是日本银行的理事，弟弟山口锐之助是京都帝国大学的教授，可见三兄弟都十分优秀。久留正道是山口的工作伙伴，设乐贞雄（设计了位于大阪的第一代通天阁）是山口的学生。顺带提一句，山口逝世后的追悼词由曾弥达藏所写。

平面图（化学实验楼）

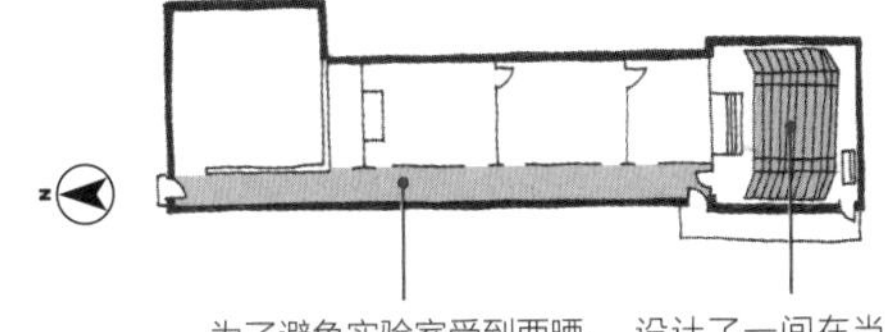

为了避免实验室受到西晒，将走廊置于西侧

设计了一间在当时看来很先进的阶梯教室

兵库县公馆（旧兵库县厅）竣工：1902 年｜所在地：神户市中央区下山手通 4-4-1
熊本大学五高纪念馆和化学实验楼竣工：1889 年｜所在地：熊本市中央区黑发 2-40-1

1

明治时代

久留正道

发展学校建筑的英国派建筑师

对学校建筑的发展贡献良多

久留正道和山口半六一样是文部省的工程师，负责了很多学校建筑的建设工作。山口因病从文部省辞职后，久留继任了他的职位，担任文部省会计课建筑系长。明治二十八年（1895）久留编纂了《学校建筑图集说明和设计纲要》，这本书后来成为学校建筑的规范手册。

久留正道学习建筑的时期，日本建筑界主要受到英、法、德等国家建筑风格的影响，久留是其中受到康德尔影响的英国派建筑师之一。久留设计的西原邸西洋馆（现已不存在）就是典型的起源于英国，发展于美国的半木结构式建筑。

同时，久留对日本传统建筑也很感兴趣，明治二十四年（1891）他发表了主题为“日本古代建筑沿革”的讲座。另外，他对学校建筑的发展也有卓越贡献。

日西合璧的金刀比罗宫宝物馆

金刀比罗宫宝物馆是二层石造的收藏与展览设施，于平成八年（1996）成为日本登录有形文化遗产。屋顶是日本传统建筑常用的入母屋造（中国称歇山顶）样式，基础和窗户等处是西方古典主义风格，可以看出这座建筑是以西式建筑为主体配以日式要素的日西合璧样式。

外观

经过数次改造的文艺复兴样式的帝国图书馆

帝国图书馆（现国立国会图书馆国际儿童图书馆）是一座钢筋砖结构（其中部分为钢筋混凝土结构）的建筑，地上三层，地下一层，设计者除久留外，还有真水英夫和冈田时太郎等人。平成十一年（1999）成为东京都政府选定的历史建筑。昭和四年（1929）对建筑进行了部分扩建，平成十四年（2002）由安藤忠雄和日建设计对建筑进行抗震改造和修复，成为现在的国际儿童图书馆。

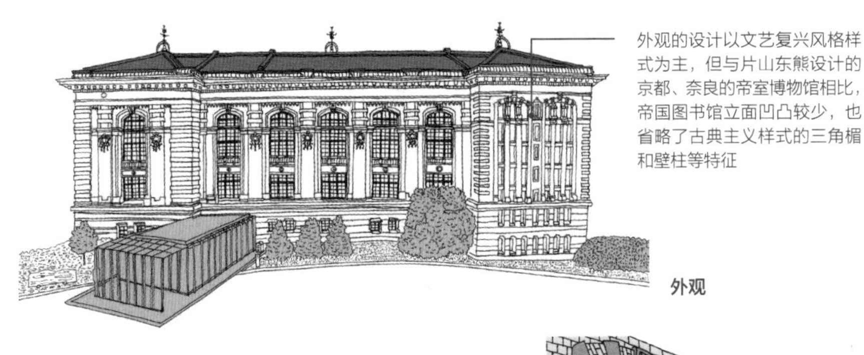

外观的设计以文艺复兴风格样式为主，但与片山东熊设计的京都、奈良的帝室博物馆相比，帝国图书馆立面凹凸较少，也省略了古典主义样式的三角楣和壁柱等特征

外观

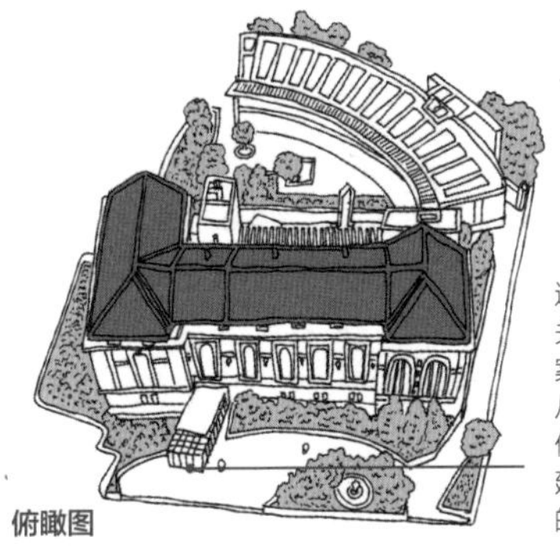

这座建筑是备受关注的建筑改造案例。安藤忠雄从原有建筑物墙体向外增建玻璃建筑，创造出新的室内空间

俯瞰图

经过改造后，在成为室内空间的西北侧二层廊下，可以近距离观赏原有墙面上的装饰

外观（窗）

人物关系图

乔赛亚·康德尔
久留正道
山口半六

久留从康德尔那里学习了英国派的洋风建筑设计，可以说他与山口半六一起继承了这个风格。不仅如此，两人也一起推动了学校建筑的发展。

1855 年　3 月 2 日出生于东京
1881 年　从工部大学校建筑学科毕业，任工部省八等技术员
1886 年　任职于文部省
1888 年　在工手学校建筑学科担任建筑制图教员
1890 年　着手学校建设的工作，同年受到意大利国王的勋章嘉奖
1891 年　担任东京美术学校建筑装饰科目讲师
1892 年　任文部省会计科建筑部长，同年赴美筹备出展芝加哥万国博览会的工作
1893 年的芝加哥博览会期间，日本政府以平等院凤凰堂为蓝本建造了日本展馆“凤凰殿”。据三岛雅博推测，日本馆的设计出自久留之手。
1894 年　接受委托，担任第四届内国劝业博览会的工事监督
1911 年　从文部省退休
1914 年　4 月 17 日逝世

芝加哥万国博览会凤凰殿

金刀比罗宫宝物馆竣工：1905 年｜所在地：香川县仲多度郡琴平町 892-1
帝国图书馆（现国立国会图书馆国际儿童图书馆）竣工：1906 年｜所在地：东京都台东区上野公园 12-49

1 明治时代

妻木赖黄

参与过众多国家项目的官僚建筑师

一个温和而清廉的人

尽管妻木与辰野之间的派系斗争和个人斗争曾愈演愈烈，达到不可开交的程度，但妻木逝世后，辰野在一篇追忆妻木的纪念文章中写道："你的性格非常温和，但内心却有刚强坚毅之处，是一个纯洁清廉的人。"

妻木在日本大藏省※临时建筑部工作时，参与了许多政府建筑的设计建设，例如东京府厅和日本红十字会（两建筑都已不存在）。他还曾为了研究议院建筑，特地去德国留学。

据妻木的学生远藤于菟介绍，现存的由妻木设计的横滨正金银行总部就是有名的德国文艺复兴样式的建筑。值得一提的是，当时妻木作为明治政府时期设计政府建筑的中心人物，与当时民间建筑界的权威人物辰野金吾进行过激烈的斗争。

两只麒麟守护着的日本桥

妻木受任负责日本桥的装饰设计。装饰以文艺复兴风格为主，方形栏杆由花岗岩制成，灯柱由青铜制成。

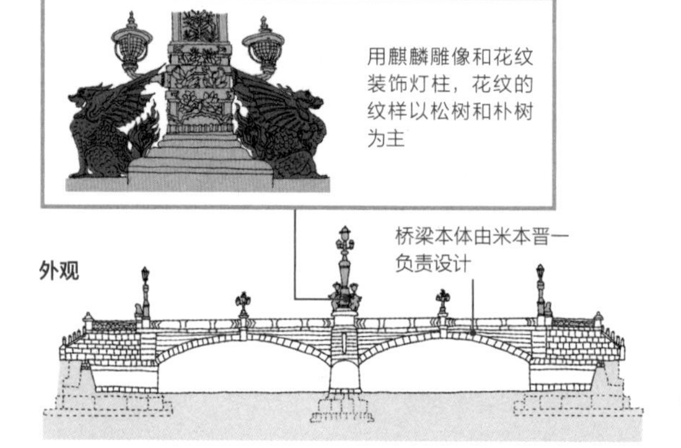

1859年　2月22日出生于东京
1878年　入学工部大学校建筑学科
1882年　从工部大学校退学，同年赴美国，入学康奈尔大学建筑学科
1884年　从康奈尔大学毕业
1885年　任职于东京府（1868—1943年）宫内省土木科
1886年　任建筑局四等工程师，同年赴德国出差学习（至1888年10月）
1890年　任临时建筑部工程师
1899年　任议院建筑调查委员会委员，负责设计横滨正金银行
1905年　任大藏省临时建筑部部长，兼任大臣官房营缮科科长
1908年　负责设计日本桥的装饰部分
1910年　任议院建筑准备委员会委员
1913年　退休
1916年　10月10日逝世，被授予二等瑞宝章

※ 日本当时的最高财政机关，是现今日本财务省的前身。

德国文艺复兴样式的建筑：横滨正金银行总部

在横滨正金银行总部的建设工作中，除了担当建筑设计的妻木之外，还有负责现场监督的远藤于菟和枪田作造等人。设计参考西方国家银行建筑样式的同时，也考虑了日本的习俗和环境。内部设计上不追求过多装饰，而注重实用性和坚固性。室内外装饰材料主要使用了常陆产的花岗岩和相州产的白丁场石等各类石材。

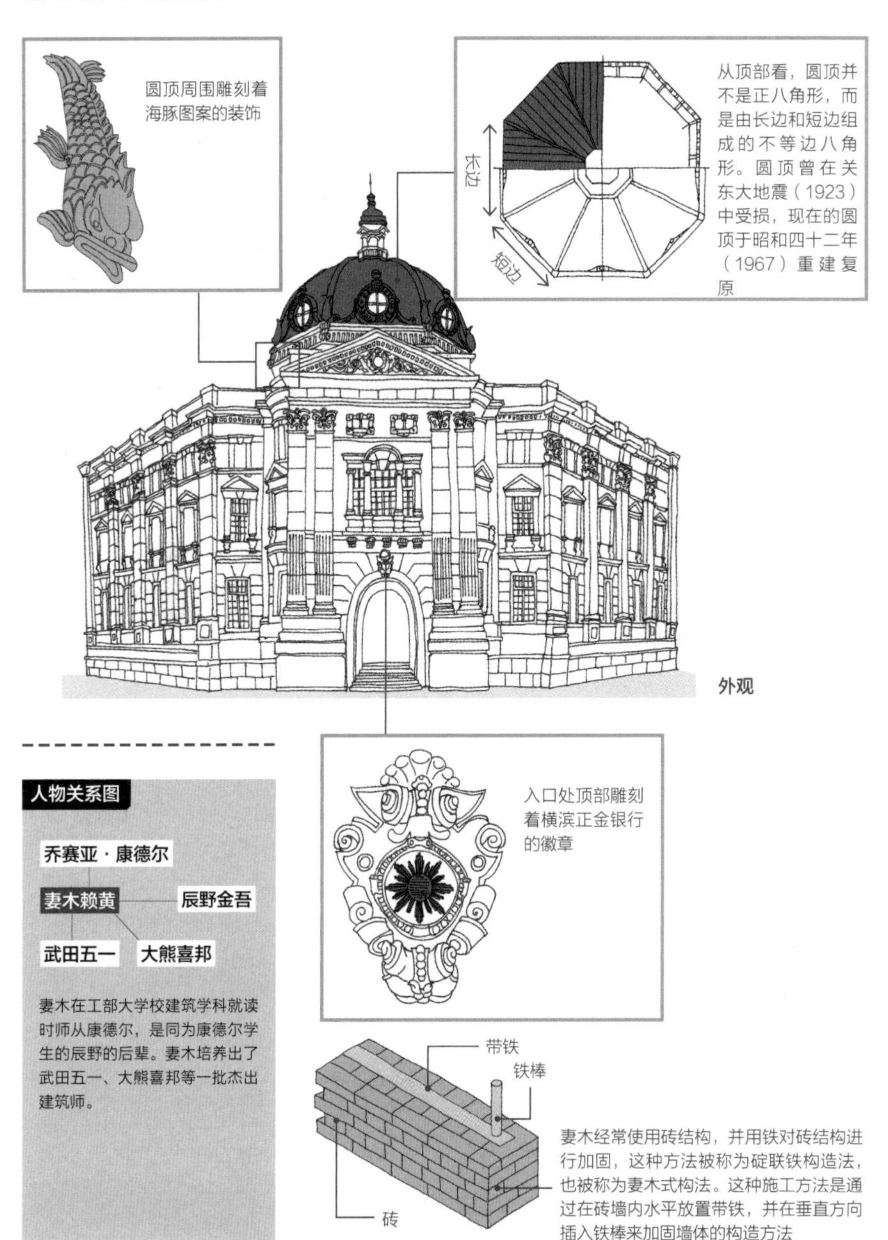

日本桥竣工：1908 年｜所在地：东京都中央区日本桥（日本桥站附近）

横滨正金银行总部（现神奈川县立历史博物馆）竣工：1904 年｜所在地：神奈川县横滨市中区南仲通 5-60

辰野金吾▼2页｜远藤于菟▼24页｜武田五一▼30页

1 明治时代

宫内省内匠寮

设计和管理皇室设施的机构

和工手学校密不可分的关系

内匠寮的工匠和工程师大多是从工手学校（现工学院大学）毕业的，据说是因为在内匠寮任职的片山东熊和时任工手学校教务主任的藤本寿吉联系密切。不仅如此，内匠寮的许多工匠和工程师在工手学校担任教员，例如明治前期的东宫御所御用营造局工程师朝仓清一（规范设计法）；明治后期的工程师木子幸三郎（和式建筑）；大正时代的工务科科长大泽三之助（日本建筑）；昭和时代的工务科科长北村耕造（和洋建筑）和铃木镇雄（制图）等。

宫内省内匠寮是明治十八年（1885）到昭和二十年（1945）间负责宫廷建筑建设和管理的机构，相当于现在的宫内厅管理部。内匠寮的前身最早可追溯至宫中的"营造部和营造局"，其历史悠久，据说大宝年间（701—704）就已经存在。

宫内省内匠寮自成立以来负责修建的建筑种类有：宫殿（皇室的中心设施）、御所（住宅设施）、御用邸（皇室的静养场所）、御陵（天皇、皇后、皇太后、太皇太后的陵墓）、御料牧场※、离宫等，此外还负责土木、庭园的建造及管理。

都铎式建筑的杰作：李王家东京宅邸

李王家东京宅邸是木造的二层建筑，于昭和三年（1928）四月七日开工，昭和五年（1930）三月三日竣工。现在是东京都指定有形文化遗产。由时任宫内省内匠寮工务科科长的北村耕造带领权藤要吉等人设计建造。

外观是基于英国都铎风格的设计，屋顶设计有老虎窗，正面中央设计有塔楼

外观

年表（内匠寮）

1885 年	由宫内省内匠科演变为宫内省内匠寮，第一任总领是肥田滨五郎
1890 年	设立总务科、会计科、土木科和监察科，木子清敬任土木科科长
1904 年	片山东熊任内匠寮总领
1908 年	改组为总务科、会计科、工务科和管材科
1920 年	大泽三之助任工务科科长
1922 年	北村耕造任工务科科长
1945 年	内匠寮改组为主殿寮

年表（北村耕造）

1877 年	9 月 25 日出生于京都
1903 年	东京帝国大学工科大学建筑学科毕业，同年任职清水满之助商店本店（和后文中的清水组一样，都是现今的清水建设的前身）
1917 年	退出清水组，任理化研究所工程师
1921 年	从理化研究所辞职，任宫内省内匠寮工程师
1931 年	任内匠寮临时帝室博物馆造营科科长
1937 年	从内匠寮退休
1939 年	6 月 27 日逝世

※ 专供皇室的畜牧场，负责皇室乘用马等的培育、家畜家禽的饲养、皇室宾客用的牛奶、肉、蛋等的生产。

考究的平面设计和内部装修

李王家东京宅邸于昭和二十三年（1948）一月被出租，用作参议院议长的宅邸，昭和二十九年（1954）被时任众议院议长的堤康次郎（西武集团的创始人）买下。于昭和三十年（1955）重新装修后作为宾馆（现赤坂王子酒店旧馆）开业使用，共有客房 35 间。

内田青藏（建筑史学家）称这座建筑是“扭柱之馆”，意指建筑内随处可见纽绳状装饰的柱子

室内的地板采用寄木（通过拼接不同的木料，产生的具有多种颜色和几何图案的木质材料）和彩色瓷砖等铺设，天花板由日式编织样式和西式样式组成，墙纸和雕刻装饰的种类也多种多样，还有英国 19 世纪流行的彩色丰富的玻璃等，这是一种由各种元素组合而成的“多彩（polychromy）”的装饰手法

一楼的房间用作客房，将主人的房间配置在二楼，用楼层区分隐私性。这种布局在当时的皇族宫邸中较为常见，曾弥达藏设计的有栖川宫邸和北白川宫邸是典型代表

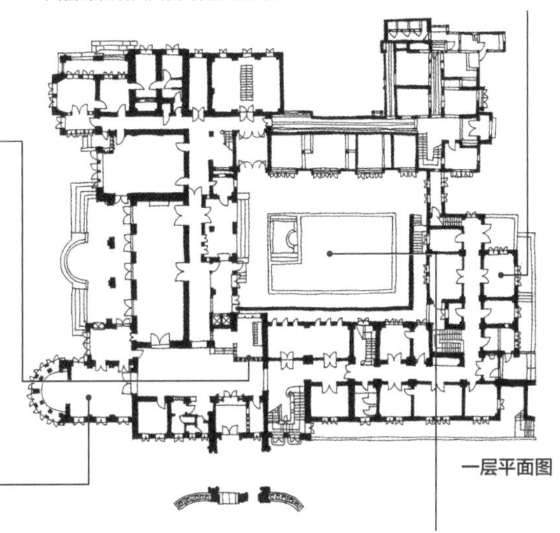

一层平面图

建筑的另一个特点是阳台、游廊、晾台等强调光线的场所较多。虽然人工照明设备早已被皇室引入，但要想展示出宫邸室内绚烂豪华的装饰，宽敞的开口部和充足的采光也至关重要

人物关系图

内匠寮——佐野利器、片山东熊、木子清敬

与内匠寮有关联的建筑师非常多，这与从工部大学校毕业的片山东熊、佐野利器等人在内匠寮任职有关。片山是内匠寮总领，在内匠寮任职的木子清敬是帝国大学日本建筑学课程的讲师。内匠寮的建筑师们在西洋风格与日本风格的交流与碰撞中完成设计，从这里诞生了众多建筑杰作。

年表（权藤要吉）

1895 年　出生于福冈县

1913 年　福冈县立福冈工业学校建筑学科毕业后服兵役

1916 年　从名古屋高等工业学校建筑学科毕业，任职于住友本店营缮科，在长谷部锐吉的领导下设计建设了住友本店大楼，并师从竹腰健造（长谷部锐吉和竹腰健造当时同在住友建筑部工作。1933 年部门解散后俩人合伙成立长谷部竹腰建筑事务所，是现今日建设计的前身之一）

1919 年　获得土井助三郎（名古屋高等工业学校的首任校长）胸像台设计竞赛的第一名

1921 年　从住友离职，在学校的推荐下进入宫内省工作

1970 年　11 月 27 日逝世

东京庭院美术馆

旧高松宫邸

李王家东京宅邸（现赤坂王子古典建筑）竣工：1930 年｜所在地：东京都千代田区纪尾井町 1-2

1 明治时代

横河民辅 从建筑师到实业家

才华横溢的实业家

虽然横河是一位建筑师兼结构工程师，但藤森照信这样评价横河："他不是从伦理或艺术的角度看世界，而是以商人的眼光从现实的角度看待事物变化。"相比于浅层的建筑设计问题，横河对建筑与社会经济之间的关系更为感兴趣。也许正因为如此，横河事务所的业务除了建筑相关的，还涉及了钢材、人造皮革、电机测量，设备制造等领域。

横河毕业不久后就开设了建筑事务所，可见其强烈的独立自主的创业意识在大学时期就已经萌芽。他的事务所设计了日本最早的钢结构建筑——明治三十五年（1902）竣工的三井总部；后来又设计了日本最早的钢结构商业办公建筑——大正元年（1912）竣工的三井租赁办公楼。

他在明治二十九年（1896）前往美国，那里强调追求经济效率的美国式经营政策使他大开眼界。后来横河拓展业务领域，相继成立了横河电机和横河桥梁等企业，并取得成功。

日本第一座商业办公楼：三井租赁办公楼

横河因为"为什么不能将三井分散于各处的业务公司整合在一栋建筑里呢？"的想法，于是提出了关于三井办公楼的设计方案。但因1891年浓尾大地震的严重灾情，人们对于砖造建筑的安全性产生了怀疑；另外，以当时的建造技术，三层以上的砖造建筑需要砌很厚的墙壁才能保证安全。在这一系列问题的困扰下，横河无意间从杂志中看到了美国正在兴起钢结构建筑，并以此为契机，完善了设计方案，这样日本第一座经济实用的美式商业办公楼——三井租赁办公楼于大正元年（1912）建成。

外观（关东大地震之前）

日本当时几乎没有钢结构建筑※，因此横河在决定采用钢结构前做了很多调研。钢材是从美国卡内基钢铁公司订购的，并且横河也努力解决了钢构架和砖砌如何组合等的技术性问题

※ 为数不多的钢结构建筑中有海军工程师若山铉吉建造的三层建筑——秀英舍印刷工厂。

由横河设计、横河工务所扩建的三越百货日本桥总店

三越百货日本桥总店是日本重要的文化遗产，于大正三年（1914）由横河设计建造，于昭和十二年（1937）由横河工务所进行扩建，扩建工作主要由中村传治负责。这是一栋钢筋混凝土构造的百货商店建筑，扩建后有地上七层，地下一层。文化遗产的改造修护工作强调尽量保存其原有状态，力求保护历史建筑的真实性；但同时作为功能性建筑物，也需要根据现实对其进行合理的改造。平成三十年（2018），隈研吾对其内部空间进行了大规模的改造。

建筑内部设计了巨大的中庭空间，其中心位置放置的是佐藤玄玄雕刻的天女雕像

外观

外观（受灾前）

最初建成的五层钢结构建筑在大正十年（1921）进行过扩建，但大正十二年（1923）建筑在关东大地震中受损。昭和二年（1927），基于留存下的结构和楼板，对建筑进行了修复。现存的建筑物的雏形是于昭和十年（1935）扩建后竣工的七层建筑。建筑物后来还经过几次改造扩建，都是由横河工务所承建的

人物关系图

- 横河民辅
  - 横河时介
    - 横河健
  - 铃木祯次

横河民辅的儿子横河时介（1922年毕业于美国康奈尔大学建筑系）也在横河事务所工作，因为横河民辅对建筑设计不感兴趣，所以设计方面的业务都交给了横河时介以及其他职员。另外跟随横河民辅学习建筑的还有铃木祯次等人。现在负责设计的建筑师横河健是横河民辅的孙子。

1864 年　9 月 28 日出生于兵库县
1880 年　虎门工部大学校预备校入学
1890 年　帝国大学工科大学建筑学科毕业，开设建筑事务所
1892 年　从事与三井元方（创始人三井高利逝世后成立的统管三井家族事务和各家族企业的机构）相关的工作，同年任东京工业学校讲师（至 1896 年 6 月）
1895 年　3 月任职于三井元方，负责建设三井总部
1896 年　赴美国考察
1903 年　开设横河工务所，担任东京帝国大学工科大学钢结构科目讲师
1907 年　成立横河桥梁制造所
1914 年　成立横河化学研究所
1915 年　获工学博士学位，成立横河电机研究所
1916 年　创立株式会社东亚铁工所
1920 年　创立株式会社横河电机制作所
1935 年　开设合资会社建筑施工研究所
1937 年　创立伪满洲横河桥梁株式会社，创立倭乐研究所
1938 年　设立株式会社两全社（横河电机和横河桥梁及其相关企业的控股公司，由横河家族掌控），担任帝室博物馆顾问
1942 年　创立东亚航空电机株式会社
1945 年　6 月 26 日逝世

三井租赁办公楼竣工：1912 年｜所在地：现已不存
三越百货日本桥总店竣工：1927 年｜所在地：东京都中央区日本桥室町 1-4-1

1 明治时代

伊东忠太
创造日本『建筑史』的学者建筑师

什么是建筑“进化论”？

从伊东忠太的建筑作品中可以看到反映亚洲和欧洲两种文化的独特设计风格，这种独特设计风格的基础是建筑进化论。建筑进化论是根据从世界建筑发展史中提取的“进化原理”提出日本建筑的发展道路。伊东在融合日本古代建筑设计风格的同时，尝试改变材料和结构等，从而创造一种新的建筑样式。

伊东忠太可以称为是“造家学会”（现日本建筑学会）这一组织的成立者，他也是日本最早的建筑史学家之一。曾任东京帝国大学工科大学校长的辰野金吾于明治三十二年（1899）任命伊东为工科大学的助理教授，又于明治三十四年（1901）委托伊东开设建筑学第三讲座（建筑史）。

伊东的建筑设计和理论基础的形成来源于明治三十五年（1902）三月开始的留学和考察，三年期间他造访了中国、印度和土耳其，基于考察经验，伊东提出了“建筑进化论”这一理论。

前所未闻的印度式佛教寺院：筑地本愿寺

筑地本愿寺本堂（正殿）于昭和九年（1934）竣工，是一栋钢筋混凝土构造的建筑，地上二层，地下一层，中间有拱顶，两侧附有塔屋。

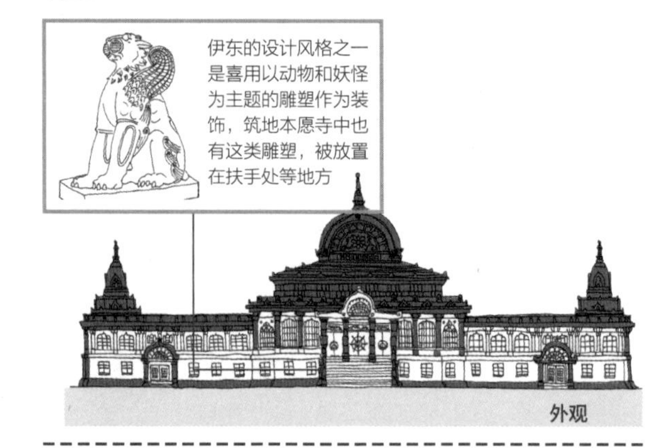

1867 年　出生于山形县米泽市
1892 年　帝国大学工科大学建筑专业毕业，毕业论文为“建筑哲学”，同年继续读研。
1894 年　于《建筑杂志》上撰写论文，建议将 Architecture 一词的翻译从“造家”改为“建筑”
Architecture 一词在日本原被翻译为“造家”，1894 年伊东忠太建议将其翻译为“建筑”，1897 年“造家学会”改名为“建筑学会”
1898 年　任造神宫工程师兼内务工程师
1899 年　任东京帝国大学工科大学助理教授
1901 年　获工学博士学位，同年任东京帝国大学工科大学教授，开设建筑学第三讲座
1902 年　开始游历中国、印度、土耳其（至 1905 年 6 月）
1928 年　从东京帝国大学工学部退休，同年任早稻田大学教授兼营缮管财局顾问，任东京帝国大学工学部名誉教授
1940 年　任早稻田大学理工学科讲师
1954 年　4 月 7 日于东京的家中逝世

宗教兼公共建筑的复合建筑：平安神宫

平安神宫是在明治二十八年（1895）平安迁都 1100 年纪念日及第 4 届内国劝业博览会会场设施建设时，作为纪念性建筑建造的。建筑模仿平安时代皇宫的部分建筑修建，最初计划是完全仿造，但由于同时还需要建造供奉桓武天皇的社殿（神社的正殿），所以最终作为神社进行整体设计。设计由宫内省内匠寮工程师木子清敬负责，当时为研究生的伊东被木子选拔参与设计。

因为大极殿的后面设有本殿（供奉桓武天皇用），所以大极殿作为拜殿使用。本殿于昭和十五年（1940）重建，又于昭和五十一年（1976）烧毁后重建。原来的本殿于昭和二十年（1945）移筑至长冈天满宫保存

外观

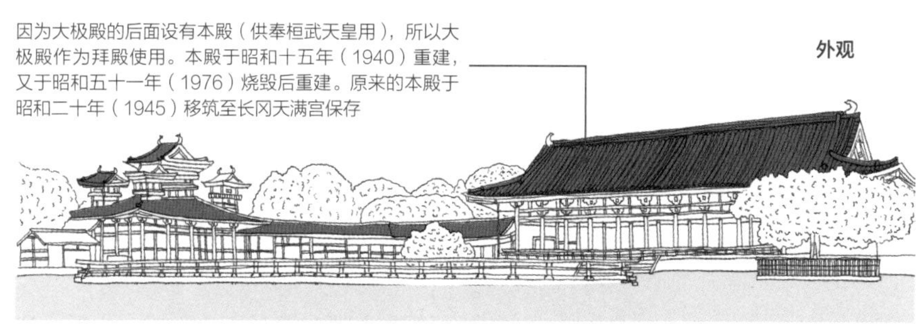

俯瞰图

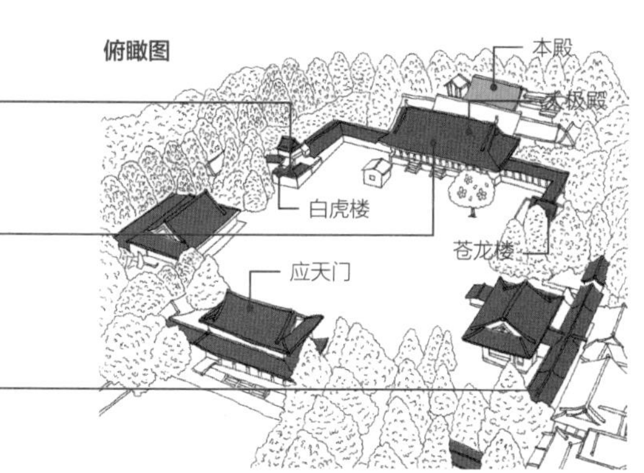

白虎楼仿照平安时代的朝堂院样式建造

目前，大极殿、东廊道、西廊道、苍龙楼、白虎楼、应天门被指定为重要文化遗产，另有昭和初期建造的 14 处院内设施被指定为日本登录有形文化遗产

利用廊道围出一个很大的内部空间，本殿位于大极殿北侧，用作纪念和展览功能

俯瞰图（法隆寺西苑伽蓝）

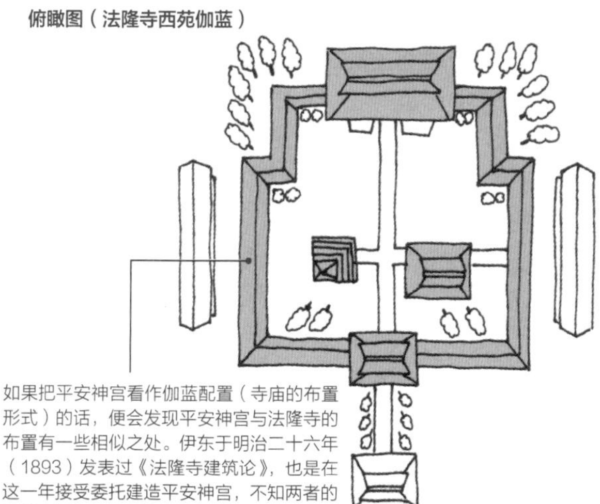

如果把平安神宫看作伽蓝配置（寺庙的布置形式）的话，便会发现平安神宫与法隆寺的布置有一些相似之处。伊东于明治二十六年（1893）发表过《法隆寺建筑论》，也是在这一年接受委托建造平安神宫，不知两者的相似之处仅仅是巧合还是有所联系

人物关系图

辰野金吾
伊东忠太 — 佐野利器
岸田日出刀

辰野金吾委托伊东开设建筑史课程，从而促使建筑史研究在日本诞生，他们两人都对建筑史的诞生和发展做出巨大贡献。曾任东京大学教授并培养出众多现代主义优秀建筑师（前川国男、丹下健三等）的岸田日出刀是伊东的直系弟子，从这点来看，伊东对后世的影响也不容忽视。佐野利器曾多次与伊东合作设计。

筑地本愿寺本堂竣工：1934 年｜所在地：东京都中央区筑地 3-15-1
平安神宫竣工：1934 年｜所在地：京都府京都市左京区冈崎西天王町

1 明治时代

长野宇平治

西洋建筑样式的大师与奇才

沉默寡言的实干家

据曾与长野宇平治在奈良县共事，后来成为东京美术学校教授的水谷铁也介绍说："长野是一个很温和却寡言少语的人，但是认识他的人都觉得他很有人情味。"另外，内藤多仲也评价长野"虽然有时极其沉默，但他的一举一动都给人留下深刻的印象。"这么看来，长野是一个行动比言语更令周围人印象深刻的人。

古典主义样式的杰作：旧日本银行冈山支行

日本银行冈山支行是采用钢桁架和砖石墙壁混造的二层建筑，装饰风格是如希腊神庙般的古典主义样式。平成十五年（2003）至平成十七年（2005），按照"以音乐厅为主的多功能厅"的功能设想对建筑进行了翻修，现作为多功能厅使用。

长野是辰野金吾的学生，也是日本第二代建筑师中的一人，他推动了自明治初期以来一直延续的欧洲古典风格建筑样式的发展。长野的处女作奈良县厅是日西合璧的建筑，但后来他跟随着辰野设计日本银行各支行时，设计风格渐渐转向古典主义，并开始寻求一种更高层次的设计。

在以欧式各类建筑为设计主流的昭和前期，长野无疑是最为出色的建筑师之一。其生涯最后的作品，大仓精神文化研究所是一座超越时间的杰作，但其落成也象征了日本古典主义建筑余晖的降临。

1867 年	9 月出生于越后高田地区（今新潟县上越市附近）
1893 年	毕业于帝国大学工科大学建筑学科，任横滨税关（妻木赖黄负责设计）的现场监理
1894 年	前往奈良县工作
1895 年	设计奈良县厅
1896 年	结束在奈良县的工作
1897 年	任日本银行建造工程师
1900 年	任日本银行建造首席工程师
1912 年	从日本银行的业务中离职，同年负责台湾总督府※的建造工作
1913 年	开设建筑设计监督事务所
1917 年	任日本建筑师协会第一任会长，在职期间，长野致力于推动建立建筑师制度和确立建筑师职业资格
1927 年	任日本银行总部扩建工作临时建筑部总工程师，任日本劝业银行总部建设顾问
1937 年	12 月 14 日逝世

奈良县厅

※ 现台湾领导人办公场所。

超越古典主义风格样式的横滨市大仓山纪念馆

该建筑由大仓洋纸店的老板大仓邦彦出资，作为大仓精神文化研究所而建造，现在是横滨市指定有形文化遗产。长野致力于追求古典主义表现的可能性并积累了大量研究成果，他在这座建筑中打破了正统古典主义风格样式，实现了一种不同于以往的设计。其基本风格是一种先于希腊的前古希腊风格（指希腊青铜时代的克里特 · 迈锡尼式建筑），据说这种风格的建筑在世界上很少见。

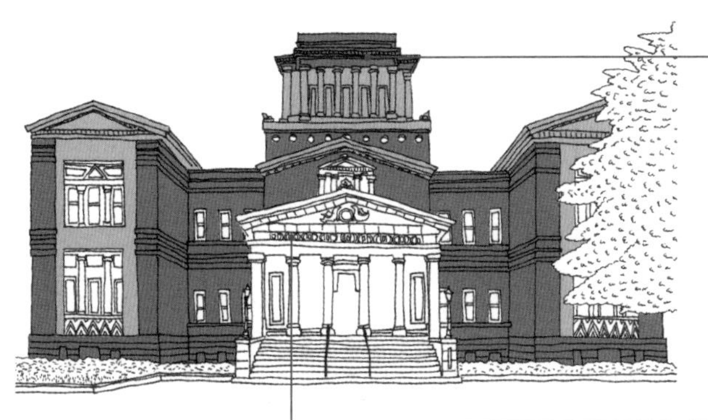

站在楼梯的底部往上看，二层中央的山墙上镶嵌了拜殿形态的装饰，再上面一层是排有列柱的本殿形态。这座建筑既有东方的设计思想，又有西方古文明殿堂的设计思想

外观

正面和上方的列柱都是多立克柱式，柱身自下往上变细；额枋上装饰有小判（日本江户时期流通的椭圆形金币）状花纹的雕带，三角楣上雕刻了古镜和凤凰的图案；二层的装饰是正统的希腊神庙样式。这真是一个将希腊风格与东方样式融合在一起的奇妙设计

人物关系图

辰野金吾

长野宇平治

水谷铁也

长野跟随辰野金吾学习，并深受他建筑风格的影响，尤其在日本银行的相关作品中，长野多沿用了辰野的设计风格。水谷铁也负责了许多长野建筑作品中的装饰设计，他在东京美术学校就读时与高村光太郎（日本著名诗人、雕刻家、画家）是同期同学。

剖面图

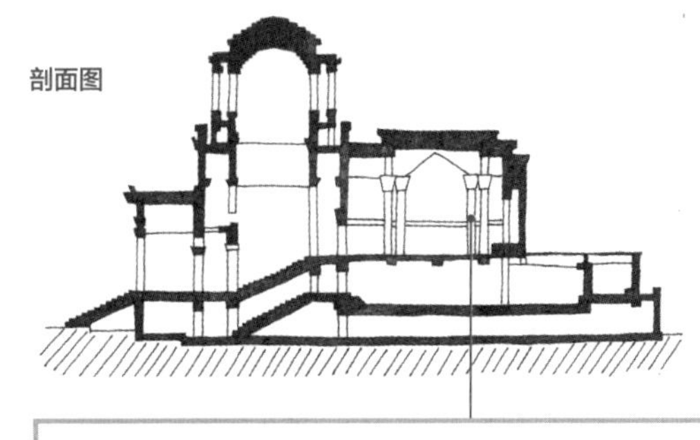

内部大厅采用日本建筑构件与西式柱式相结合的设计。被视为最了解西方古典主义风格的长野，在他最后的作品中展现出了这样独特的设计风格

旧日本银行冈山支行竣工：1922 年｜所在地：冈山县冈山市北区内山下 1-6-20
横滨市大仓山纪念馆（旧大仓精神文化研究所）竣工：1932 年｜所在地：神奈川县横滨市港北区大仓山 2-10-1

1 明治时代

木下益治郎

善用美国装饰艺术风格

影响人生的两个机遇

在曾弥中条事务所负责的设计项目的施工现场木下益治郎与曾弥达藏结识，大正五年（1916）在曾弥、宗兵藏、高松正雄等人的推荐下，木下从日本建筑学会的准成员转为正式成员。昭和十年（1935）木下参加了建筑学会举办的“曾弥博士为主讲的座谈会”，可以看出曾弥对木下的职业道路有很大的影响。此外，因受东京海上火灾保险株式会社社长的赏识，木下成立个人事务所后仍负责过许多东京海上公司的项目。

木下从工手学校毕业后服了三年兵役，之后相继在陆军省、山口半六事务所、递信省[※1]工作过，后进入东京海上火灾保险株式会社营缮部工作。因木下受到东京海上火灾保险株式会社的社长各务镰吉的赏识，负责设计了多个东京海上公司的项目。

木下在曾弥中条建筑事务所负责的东京海上大楼的项目中担任现场主任一职。大正九年（1920）木下前往美国访学，深受当时美国流行的装饰艺术运动的影响，随后渐渐发展出自己的设计风格。

比拟摩天大楼的神港大厦

神港大厦位于神户旧居留地[※2]，虽在阪神大地震中受损但至今尚存。建筑是钢筋混凝土结构，地上八层，地下一层。委托建造这栋大楼的是川崎汽船的董事长泽正治，原本作为川崎汽船本部大厦使用。昭和二十年（1945）第二次世界大战结束后，大厦被同盟国军驻军接管征用，直到昭和三十年（1955）解除征用。

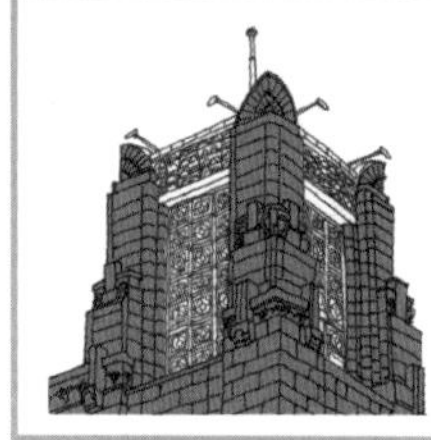

通过在建筑物转角处设置顶冠来强调设计。从外墙上的装饰可以看出木下已受到当时纽约和芝加哥流行的摩天大楼设计风格的影响

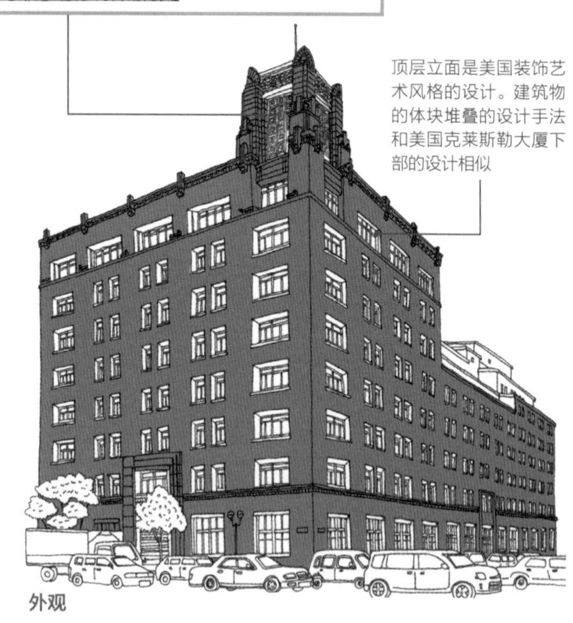

顶层立面是美国装饰艺术风格的设计。建筑物的体块堆叠的设计手法和美国克莱斯勒大厦下部的设计相似

外观

※1 递信省是现今总务省、日本邮政及日本电信电话的共同前身。于 1949 年解散，拆分为邮政省与电气通信省。
※2 1858 年安政五国条约签订后，在日本为拥有治外法权的外国人设立的居留地。

简洁的装饰艺术风格建筑：马车道大津大厦

这栋大楼是为东京海上火灾保险株式会社的横滨办事处而设计的，是一栋钢筋混凝土结构的办公建筑，地上四层，地下一层。昭和三十四年（1959）其产权归大和兴业株式会社所有，直至现在，在此期间大楼经过了几次翻新，现在作为历史建筑被小心地继续使用，同时被精心地进行保护。

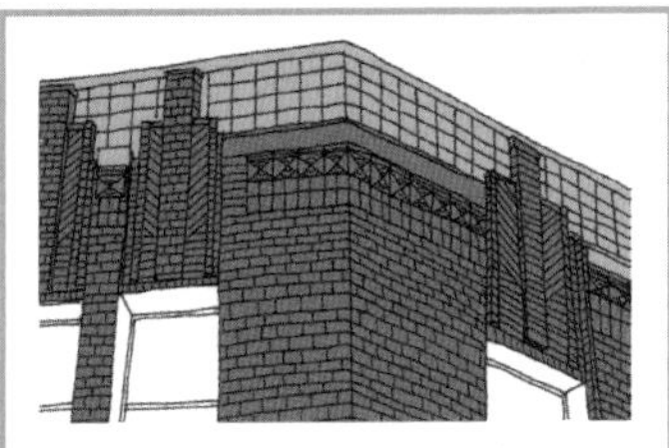
顶部装饰是受到纽约摩天大楼影响的装饰艺术设计风格。木下去美国访学时，美国正值装饰艺术风格大流行的时期，木下深受其影响

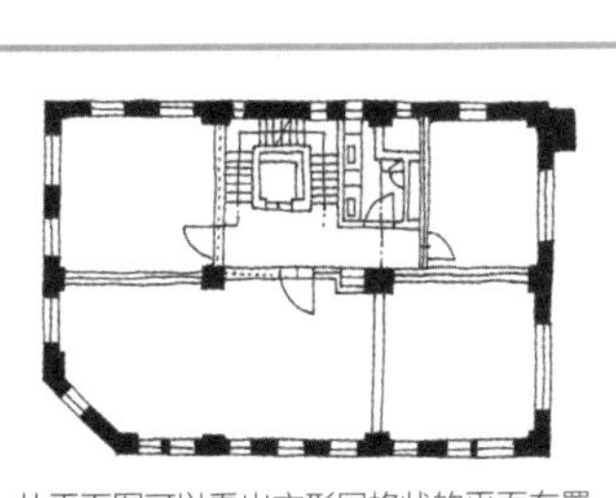
从平面图可以看出方形网格状的平面布置

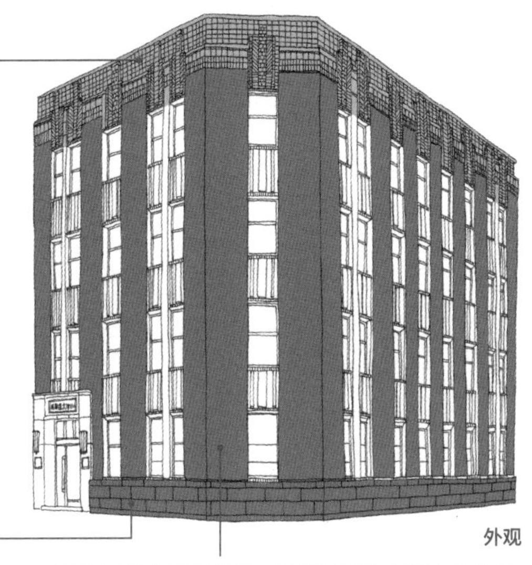
外观

近代建筑往往以设计图纸上记载的内容作为依据而被记录，而木造建筑则是通过上梁记牌（日文为“栋札”，指用以记录建造者和建材等信息的木板。会在上梁时封入建筑内。）而被记录。这栋建筑保留了新建工程、电气设备工程、水暖设备工程等的各种记录及其往来信件

人物关系图

山口半六
木下益治郎
设乐贞雄

明治三十二年（1899）木下通过前辈设乐贞雄的引荐入职山口半六事务所。第二年山口逝世后，木下进入递信省工作，时任递信省营缮课课长的是木下在工手学校就读时的恩师吉井茂则。木下独自成立事务所后，还与设乐一起设计了东京海上火灾保险株式会社社长各务镰吉住宅的待客厅等项目。

1874年　4月24日出生于鸟取县阿毗缘村
1891年　任阿毗缘小学助教，同年进入工手学校建筑学科就读
1893年　作为工手学校第9届毕业生毕业
1896年　任陆军临时建筑部工程师
1899年　山口半六建筑事务所入职（第二年因为山口逝世从事务所离职）
1900年　递信省任职，同年在总务局会计科兼职
1911年　任大阪市技术员（至1913年）
1912年　东京海上火灾保险株式会社入职，担任现场主任
1924年　任日本建筑学会理事兼会计
1930年　从东京海上火灾保险株式会社退休，担任顾问；创立木下建筑事务所
1931年　任建筑学会常议员兼会计（至1933年）
1943年　辞去东京海上火灾保险株式会社顾问一职
1944年　8月16日在静冈县御殿场市逝世

神港大厦竣工：1939年｜所在地：兵库县神户市中央区海岸通8
马车道大津大厦竣工：1936年｜所在地：神奈川县横滨市中区南仲通4-4

1 明治时代

远藤于菟

推广兼具功能和美感的钢筋混凝土结构

什么是适合日本的建筑

远藤的毕业论文题为“日本建筑学的发展方向”，论文由综述、构造论、装饰论、表号论等部分构成。论文主要观点之一是：“如果要用一个词表达建筑学的意义，那应该是‘适当’一词。”远藤认为日本的建筑应使用适合本地风土人情的设计、结构和材料来建造。远藤后来还写过一篇题为“有用且美观的建筑物”的文章，内容是对他毕业论文的补充与发展。

红砖与混凝土的完美融合

现横滨第二地方合同官厅（政府联合办公楼）原先是作为横滨生丝检查所（日本生丝出口的检查机构）建造的，是一座钢筋混凝土结构的四层建筑。建筑整体用红砖勾勒出柱形，是一个将结构与设计融合在一起的作品。堀勇良评价道：“通过为粗犷的钢筋混凝土结构增添微妙的色调和纹理，赋予了建筑物一种温和而沉稳的基调。”

在明治晚期古典样式依旧占主流的情况下，远藤率先放弃古典主义风格，转而追求用钢筋混凝土结构设计出兼具功能性和美观性的作品。

不借助古典主义样式及装饰，直接外露柱和梁等结构，并涂抹灰浆表现混凝土的清冷美感，以体现钢筋混凝土的结构美。

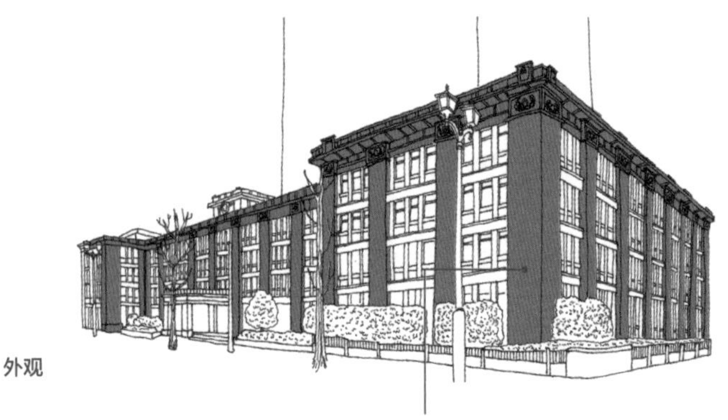

外观

从施工方法来看，砖造结构和钢筋混凝土结构原本是完全不相关的两种结构。然而远藤通过采用在红砖砌成的模板中浇筑混凝土的施工方法，力图实现砖结构和钢筋混凝土结构的融合，使建筑物融入以红砖元素为特征之一的明治时代都市景观

附近的帝蚕仓库总部事务所也由远藤设计，于大正十五年（1926）建成用作横滨蚕丝检查所仓库

外观（帝蚕仓库总部事务所）

远藤设计的第一座全钢筋混凝土建筑：三井物产横滨分店1号楼、2号楼

三井物产横滨分店大楼由1号楼（玄关左侧部分）和2号楼（玄关右侧部分）组成。1号楼是钢筋混凝土结构的带地下室的四层建筑，是远藤尝试全部用钢筋混凝土建造的第一个作品，装饰上没有采用古典样式的列柱或拱形窗等元素，而是用光滑的灰白色砖石贴面表现出建筑的厚重感。2号楼也是钢筋混凝土结构的四层建筑，带有地下室和一个出屋面楼梯间，2号楼的列柱外观设计呈现出独有的远藤式文艺复兴风格。

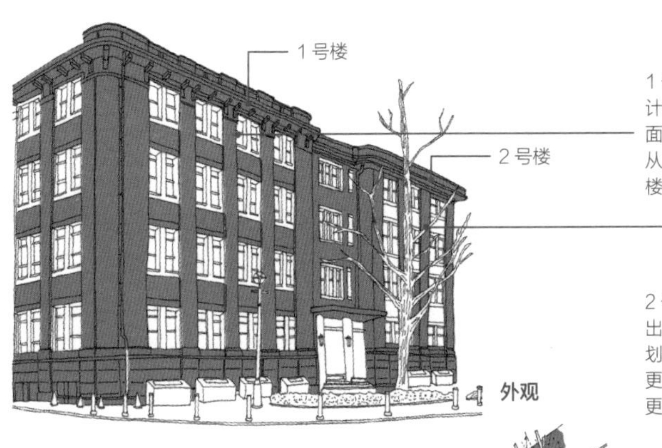

外观

1号楼由远藤和酒井佑之助合作设计，柱面与墙面齐平形成平滑的立面效果。窗户被柱面划分成四列，从下往上看时空间透视感不如2号楼那样强烈

2号楼由远藤设计，柱面从墙面凸出从而强调垂直线条。窗户被柱面划分成三列，仰视时的空间透视感更强烈，使得建筑物看起来比实际更高一些

艾纳比克式钢筋混凝土体系

大楼采用了艾纳比克式钢筋混凝土体系，这是由法国工程师艾纳比克发明的一种构造形式。明治二十五年（1892）这种构造方法取得专利后，引起了日本大仓土木组（现大成建设）的关注，并于明治四十二年（1909）邀请了三位法国工程师来到日本普及技术

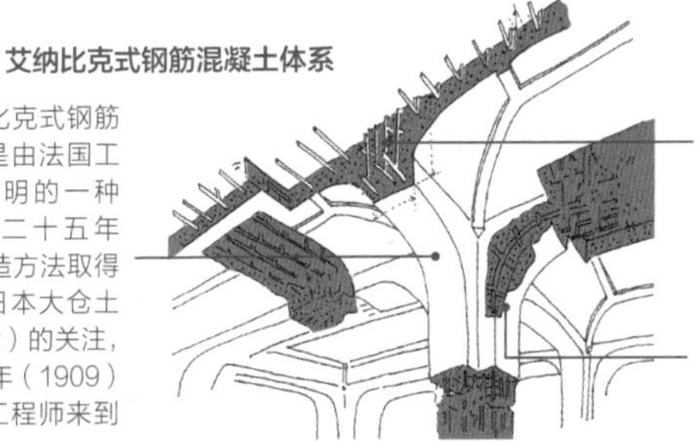

在此之前的通用做法是将粗钢筋直线穿过混凝土。艾纳比克构造的特征则是用弯曲的钢筋与支撑结构重叠，并使用平开的U形箍筋在横向上给予支持

将原本分离的柱、梁和楼板等独立的建筑元素整合为一个整体的施工方法

人物关系图

妻木赖黄
远藤于菟 — 野口孙市

远藤于明治二十七年（1894）参与了妻木负责的御殿的修缮工作，明治三十一年（1898）担任妻木设计的横滨正金银行的现场监理。堀勇良曾称“作为钢筋混凝土建筑的先驱者的远藤，是采用碇联铁构法的妻木赖黄的技术继承者。”远藤对妻木抱有感激之情，他在所著的《西洋住宅百图》开篇处写道“致我的恩师，已故的工学博士妻木赖黄先生”并称“以此表达我满腔的谢意”。野口孙市是远藤就读于帝国大学工科大学时的同学。

1865年	12月28日出生于长野县
1894年	帝国大学工科大学建筑学科毕业
1895年	受委托负责横滨税关的建造工作，同年任神奈川县工程师
1896年	受委托设计农商务省生丝检查所
1898年	任横滨正金银行现场监理
1899年	在妻木的领导下担任横滨火灾运送保险会社的建造监督
1905年	开设个人设计事务所
1909年	任神奈川县工程师，11月辞职
1943年	2月17日逝世

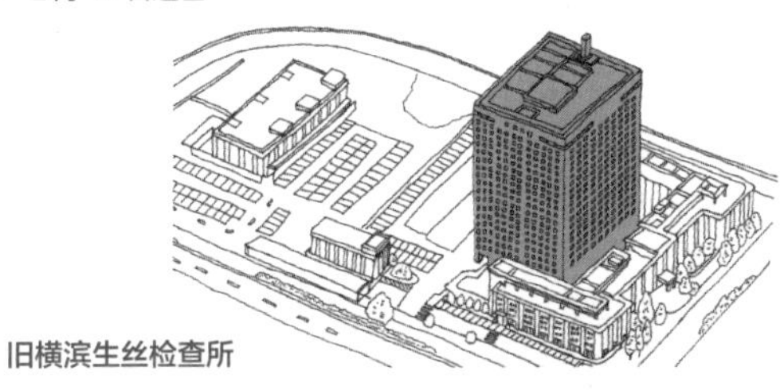
旧横滨生丝检查所

横滨第二地方合同官厅（旧横滨生丝检查所）竣工：1926年（1期）1932年（2期）｜所在地：神奈川县横滨市中区北仲通5-57
三井物产横滨分店1号楼、2号楼竣工：1911年（1号楼）1929年（2号楼）｜所在地：神奈川县横滨市中区日本大通14

野口孙市

在日本推广美国布杂艺术风格

追求细节的设计师

野口逝世后，与他一同在住友任职十六年的好友兼帮手日高胖，在讣告中写道："野口是一个罕见的在美学和建筑构造学上都有突出能力的人，他的设计在很多方面都具有独创性。不仅如此，他做事非常细致，在画图时会考虑到光线的变化，在选材上不会忽略任何细节，甚至木材的收缩程度也会考虑到。"

野口是日本第二代建筑师之一，在帝国大学工科大学学习时师从辰野金吾。野口也是经历了从明治时代的古典风格建筑到开启大正时代新局面的代表人物之一。

野口曾游历美国，接触到当时在美国风靡一时的美国布杂艺术※并受到了很大的影响，他设计的大阪府立图书馆（现大阪府立中之岛图书馆）被认为是日本第一座美国布杂艺术建筑。此外，野口也是现日建设计前身组织的创建者之一。

日西合璧的住友活机园西洋馆

这是一座二层的木造殖民风格建筑。这座建筑与第二代木匠八木甚兵卫设计的和馆、新客房于大正十一年（1922）被扩建，他们与东间、西间和正门一起被指定为重要文化遗产。住友的第二代董事长伊庭贞刚退休后在此居住，并将其命名为活机园。

这座住宅是由西式建筑和日式建筑结合建造的房屋。西式建筑用作接待客人等的场所，日式建筑用作日常生活场所

外观

1869 年	4 月 23 日出生于兵库县姬路市
1894 年	帝国大学工科大学建筑学科毕业，研究生时期学习抗震构造
1896 年	任递信省工程师
1899 年	入职住友，并赴欧美调研
1900 年	任住友临时建筑部首席工程师
1904 年	设计建造伊庭贞刚宅邸（现住友活机园）
1906 年	赴美国调研旧金山大地震情况，7 月返回日本
1908 年	设计建造田道贞吉宅邸
1915 年	获工学博士学位，10月26 日逝世

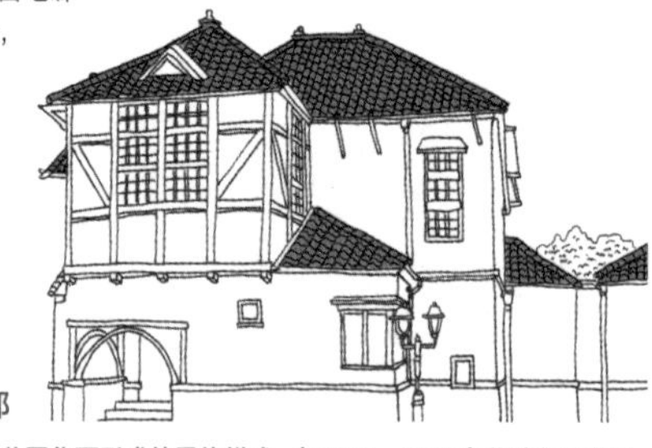

田道宅邸

※ 又称学院派，是美国建筑师在受到法国布杂艺术的熏陶后，将其美国化而形成的风格样式。在1880—1930 年间流行于美国。

帕拉第奥式的大阪府立中之岛图书馆

图书馆由住友家族出资建造后捐赠给大阪府，现为重要文化遗产。由野口和日高胖共同设计，建筑主体是砖造，外部是石造。

中央的圆顶设计。门廊上方三角楣由四根科林斯式列柱支撑

十字形平面、门廊和圆顶等都是帕拉第奥式建筑的典型特征。建筑的两翼在大正十一年（1922）由长谷部锐吉和日高胖设计扩建

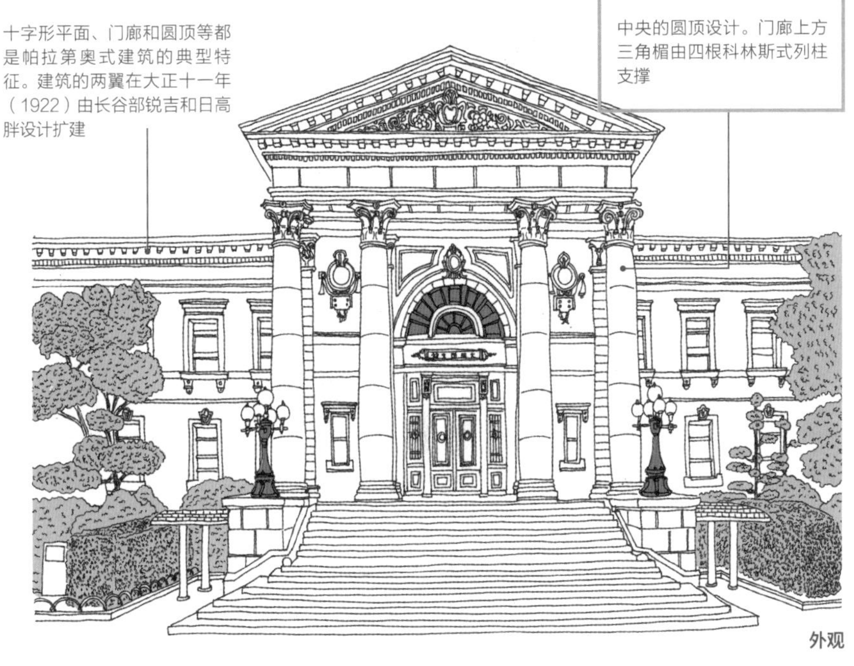

外观

人物关系图

野口孙市

日高胖　长谷部锐吉

明治三十三年（1900）住友总部临时建筑部设立，野口任首席工程师，日高胖在他的手下一起从事设计工作，后来长谷部锐吉也入职建筑部。明治四十四年（1911）临时建筑部改组成住友总店营缮科，后发展为现在的日建设计。他们几位是继山口半六、河合浩藏、泷大吉和茂庄五郎之后，在关西地区十分活跃的建筑师代表，对关西地区的建筑设计及建造做出了很多贡献。

内部（大厅）

中央大厅的墙壁由成对的壁柱（半露柱）分隔，墙壁和圆顶的交界处设计了花纹装饰的壁带。据说与同时期的大多数建筑相比，这座建筑的内部空间设计更加精致，因此获得了很高的评价

住友活机园西洋馆竣工：1904 年｜所在地：滋贺县大津市田边町 10–14
大阪府立中之岛图书馆竣工：1904 年｜所在地：大阪府大阪市北区中之岛 1–2–10

1 明治时代

铃木祯次

为名古屋市建筑方面的近代化做出贡献

撕毁学生图纸的严师

铃木是一位非常严厉甚至独断的老师，他的学生松田军平曾回忆说："当布置设计题目后，即使通宵达旦，我们也必须努力画图，不然就无法得到铃木老师的认可。"

不仅如此，据说铃木曾因为学生在绘制砖墙时，图上的接缝尺寸不统一而将学生精心绘制的图纸撕毁。

铃木是为名古屋市的近代化进程做出重大贡献的建筑师之一。虽然主业是建筑师，但铃木也曾尝试过公园的规划（如为纪念名古屋建城300周年而建造的鹤舞公园及奏乐堂）。

此外，他还设计了中京地区※第一座钢筋混凝土构造的建筑——大正元年（1912）建成的共同火灾保险名古屋分公司，名古屋市第一座高层建筑——北滨银行名古屋支行，以及多家银行和百货商店建筑。

※ 以名古屋市为中心的大都市圈。

日本首座由建筑师规划的公园：鹤舞公园

鹤舞公园是明治四十三年（1910）召开第10届关西地区联合共进会的会场，这一年也是德川家康于庆长十五年（1610）修筑名古屋城的300年纪念年。对名古屋市来说，鹤舞公园是一座纪念性公园，是见证名古屋市从城下町迈向近代城市的公园。

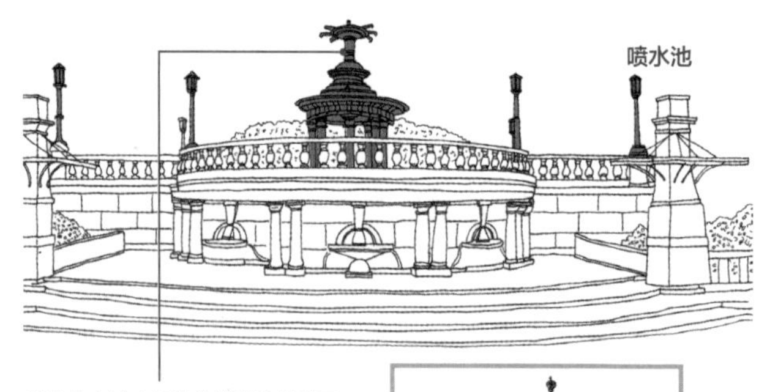

喷水池由铃木和他的学生铃川孙三郎设计。上方的水池和喷泉由白色的石造托斯卡纳式圆柱所支撑

奏乐堂原本是木造建筑，因为遭受台风而损毁，于昭和十一年（1936）重建为钢筋混凝土结构的建筑，后又经历一次损毁。现存的奏乐堂是平成七年（1995）重建的

布局图

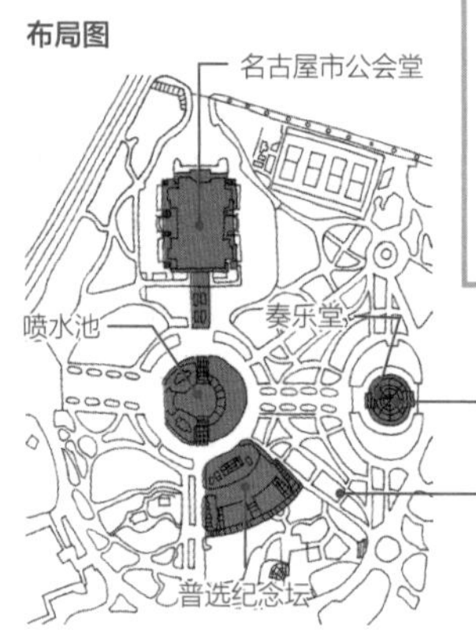

共进会的会场及展馆由曾弥中条建筑事务所设计。会议结束后，时任东京大学农学部教授的本多静六以法国式园林规划为参考，对鹤舞公园的再开发进行了总体规划

新文艺复兴风格的高岛屋东别馆

高岛屋东别馆是新文艺复兴风格的百货大楼。建筑原为昭和三年（1928）建成的松坂屋大阪店，后分别于昭和九年（1934）和昭和十二年（1937）进行了两次扩建，后来又进行过一些改造，成为现在的样子。

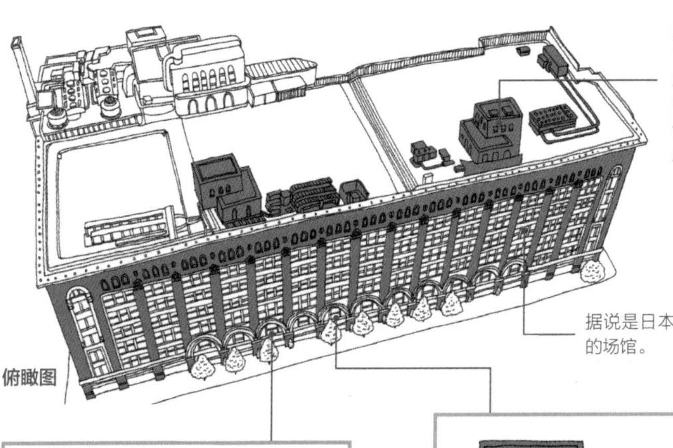

第一次扩建时在 6 楼设置了展厅，在屋顶建造了游乐场所，作为吸引游客逗留的场所。第二次扩建时设计了室外舞台和棋类俱乐部等场所

据说是日本第一个安装自动扶梯系统的场馆。

俯瞰图

底层立面上，在列柱间设计了连续的拱形，这是在最初建造时由铃木设计的

内部整体采用装饰艺术样式，这被认为是在后来装饰艺术风格流行时期，建筑翻新过程中建造的。百货公司在日本起源于东京银座，当时银座的百货公司大多采用装饰艺术样式设计

人物关系图

辰野金吾　中条精一郎

铃木祯次

中村顺平

据伊藤纮一（日本建筑师，曾任日建设计董事长）回忆说，铃木与片冈安、中条精一郎等人特别亲近。辰野是铃木的恩师，铃木十分尊敬他。铃木的学生有中村顺平、小屉德藏（清水建设关西地区董事）、松田军平（松田平田设计的创始人）、城户武男（竹中工务店名古屋分部设计主任）等。

1870 年　出生于静冈县
1896 年　帝国大学工科大学建筑学科毕业，以“工科学校的设计”为毕业设计主题，进入研究生院研究抗震构造
1897 年　为研究抗震结构，入职三井公司，在横河民辅手下工作
1903 年　受辰野金吾的委托，为筹办名古屋高等工业学校做准备，赴英、法、德、意、美留学
1906 年　任名古屋高等工业学校主任教授
1910 年　设计规划鹤舞公园（为纪念名古屋建城 300 周年），设计建造伊藤吴服店（现松坂屋）
1921 年　从名古屋高等工业学校退休，在名古屋市创立铃木建筑设计事务所
1925 年　前往美国出差，考察百货店建筑
1927 年　结束在名古屋高等工业学校的兼职讲师工作
1940 年　铃木建筑设计事务所迁至东京
1941 年　8 月 12 日逝世

鹤舞公园竣工：1909 年｜所在地：爱知县名古屋市昭和区鹤舞 1
高岛屋东别馆竣工：1928 年｜所在地：大阪府大阪市浪速区日本桥 3-5-25

相关人物
辰野金吾▼2页—中村顺平▼54页

1 明治时代

武田五一
展现茶室建筑轻盈感的『关西建筑界之父』

唇枪舌剑评建筑

将科学研究方法应用于住宅建筑的西山卯三回忆道，曾在大学一年级时上过武田教授的住宅论课程，并对住宅建筑产生了兴趣；二年级时通过建筑计划学的课程了解到各种类型的建筑，后来参加武田举办的“设计俱乐部”时，向武田展示了自己的设计图纸后未承想却遭到了他的批评。

武田是辰野金吾的学生，也是第二代建筑师中的杰出代表之一，被寄予成为辰野接班人的期望。明治三十二年（1899）武田基于利休大师的茶道艺术并对远州流茶道各茶室进行实测，撰写了名为“关于茶室建筑”的文章，这是建筑师第一次系统性地研究茶室建筑。

明治三十三年（1900）武田前往欧洲留学，当时欧洲正值新艺术运动鼎盛时期，武田受其影响并将此风格带回日本，他在明治后期设计的福岛行信邸（现已不存在）就是这种风格的建筑作品。

受新艺术运动影响的名作：京都府立图书馆

京都府立图书馆的前身是为纪念日俄战争中日本取得胜利而建的京都集书院，原为砖造建筑。平成七年（1995）原有建筑在阪神大地震中受损严重，于平成十二年（2000）基于残存的立面等部分重建成钢筋混凝土结构的四层建筑，平成十三年（2001）作为新图书馆开放使用。

虽然立面以古典风格为主，但通过柱形以及雕刻在壁面上的图形等设计元素，可以看出建筑受到了新艺术运动的影响

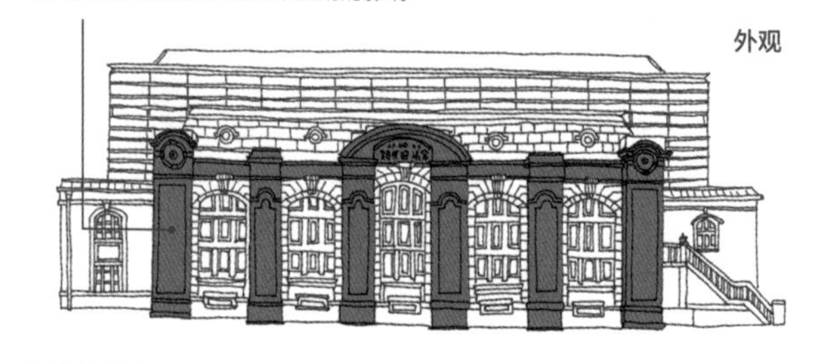

外观

1872 年　11 月 15 日出生于广岛县福山市
1897 年　东京帝国大学工科大学建筑学科毕业，同年进入研究生院
1899 年　担任东京帝国大学工科大学助教
1900 年　受文部省派遣留学英、德、法
1903 年　任京都高等工艺学校（现京都工艺纤维大学）教授
1904 年　兼任京都府工程师，负责京都古社寺的保护修缮工作
1908 年　兼任大藏省临时建筑局工程师
1915 年　获得工学博士学位
1917 年　任古社寺保存会委员
1918 年　任名古屋高等工业学校（现名古屋工业大学）校长及京都帝国大学（现京都大学）工学部建筑学科创设筹备会委员，兼任临时议院建筑局工程师
1920 年　京都帝国大学建筑学科成立，任教授，任京都都市计划委员会委员
1925 年　兼任大藏省营缮管财局工程师
1932 年　退休
1934 年　任法隆寺国宝保存工事事务局所长及协议会委员
1938 年　2 月 5 日逝世

中式建筑风格与西式分离派风格的结合：藤井“有邻馆”

藤井有邻馆于大正十五年（1926）竣工，是展示藤井纺织创始人藤井善助收集的中国工艺美术品的私人美术馆。虽然建筑主体是西式分离派风格的三层砖石建筑，但或许是因为收藏品的关系，建筑整体洋溢着中式风格的氛围

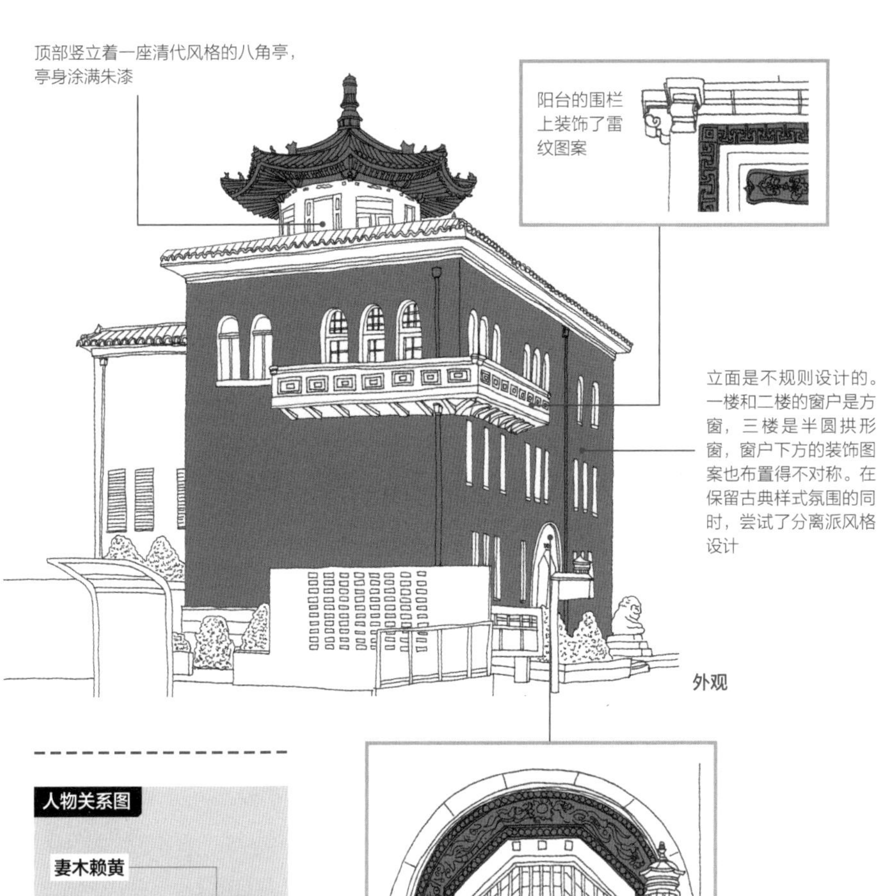

外观

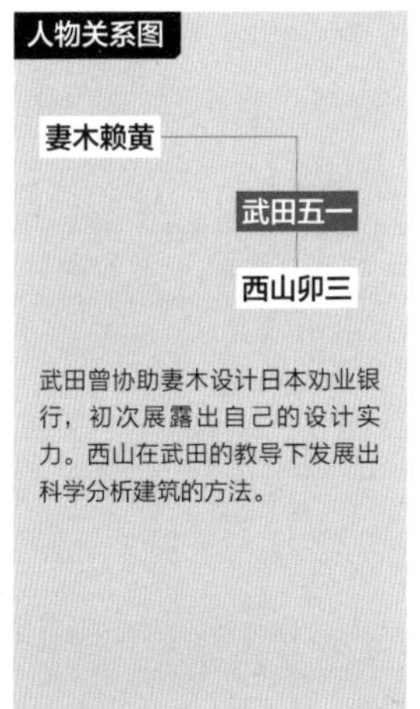

入口处用陶土雕刻着飞龙图案的装饰

京都府立图书馆（旧京都府立京都图书馆）竣工：1909 年｜京都府京都市左京区冈崎成胜寺町 9
藤井齐成会有邻馆竣工：1926 年｜京都府京都市左京区冈崎圆胜寺町 44

1 明治时代

佐野利器

将建筑与社会问题结合 创设『构造学派』

通过建筑改良社会

佐野是具有强烈社会意识的社会政策派的代表人物之一。他于大正九年（1920）创立了日本大学高等工学校建筑学科（现日本大学理工学部建筑学科）并成为第一任校长。昭和十四年（1939）佐野因为与时任社会学教授后成为日本大学第一任理事长的圆谷弘意见不合而从学校辞职。后来建筑学科教职工相继辞职，引发学生罢课抗议活动，要求教授返校并追责校方。

住宅论与佐野利器宅邸

以佐野为代表的社会政策派认为住宅是至关重要的。大正十四年（1925），佐野发表“住宅论”，强调儿童房的重要性，并指出住宅应以儿童房为中心来设计。可见，他是一个对住宅有着超前想法的人。

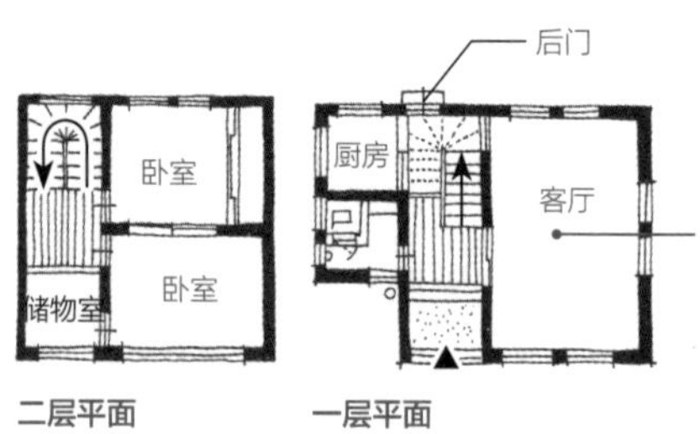

二层平面　一层平面

左侧为“住宅论”中的二层住宅平面图。佐野提到“比自己或伴侣更为重要的是孩子，孩子才是真正的中心。”以强调孩子在住宅设计中的重要性

外观（佐野利器宅邸）

佐野的宅邸于大正十二年（1923）建成，是座钢筋混凝土结构的二层建筑。外观简洁利落，只有窗户是日式风格设计

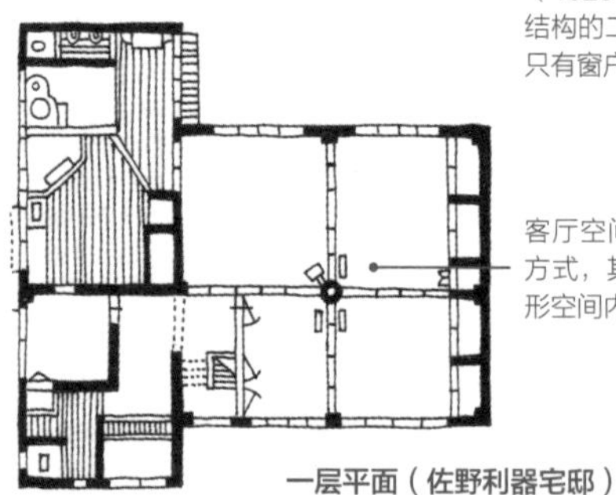

客厅空间呈正方形的田字格布置方式，其余功能空间布置在长方形空间内

一层平面（佐野利器宅邸）

佐野曾发表“房屋抗震结构论”，他也被认为是为抗震结构奠定基础的构造学派的创始人。除了地震引起的抗震结构问题，佐野还关注火灾、住房、城市等社会问题，并主张建筑应该面向社会，因此他也被认为是社会政策派的创始人。

在讨论为国家建造的建筑时，他指出重要的不是形式、风格上的选择问题，而应强调社会意识，结合实际情况并理解社会经济基础。

经历过多次翻修的武藏大学根津化学研究所

武藏大学根津化学研究所是为纪念原武藏高中第一任理事长、根津财阀（现东武集团）创始人根津嘉一郎而建的钢筋混凝土结构的建筑。平成元年（1989）由内田祥哉和集工舍建筑城市设计研究所负责设计翻修；后又于平成二十二年（2010）进行过一次修缮。平成二十八年（2016），建筑受到日本长寿命建筑促进协会的表彰，现在是东京市练马区登录文化遗产。

外观

宝贵的佐野设计作品：德岛县立档案馆

德岛县立档案馆虽然已经不是原始建筑，但这是现存为数不多的佐野的设计作品，由大林组负责建造。

外观

人物关系图

佐野利器 — 真岛健三郎

内藤多仲　内田祥三

内藤和内田都是佐野的学生，内藤承继了佐野社会政策学的理论学说，内田承继了佐野的建筑构造学思想。佐野曾与真岛健三郎围绕"柔刚论"的构造形式展开过论争。

1880年	出生于山形县西置赐郡
1900年	旧制第二高等学校毕业
1903年	东京帝国大学工科大学建筑学科毕业，进入研究生院，研究钢筋混凝土构造
1906年	赴美国调研旧金山大地震中建筑的受灾情况，返日后任东京帝国大学工科大学助教
1910年	赴德国柏林留学，并游历欧洲和美国
1914年	返日后任震灾预防调查会临时委员
1915年	获得工学博士学位
1918年	任东京帝国大学工科大学教授
1920年	创设日本大学高等工科学校建筑学科，任校长
1922年	任宫内省内匠寮工务科科长
1923年	任帝都复兴院理事、建筑局局长
1924年	任东京市建筑局局长
1928年	任日本大学工学部部长
1929年	任清水组副社长，兼任东京工业大学教授
1941年	任东京帝国大学工学部名誉教授
1956年	12月5日逝世

武藏大学根津化学研究所竣工：1936年｜所在地：东京都练马区丰玉上1-26-1
德岛县立档案馆竣工：1930年｜所在地：德岛县德岛市8万町向寺山文化之森综合公园内

1 明治时代

佐藤功一

崇尚自由样式的第三代建筑师

对细节的追求和对建筑的自豪感

在早稻田大学的一次讲演会上，佐藤说："建筑离不开细节，建筑是否能建成取决于建筑师对细节的把握。"可见他对建筑细节的看重。另外，据他的学生佐藤武夫回忆，佐藤功一曾说过："有两种事物改变了地球的表面，那就是农业和建筑。所以你们难道不认为建筑是一项伟大的事业吗？你们应该以学习建筑而感到自豪。"

佐藤功一是辰野金吾的学生，也是第三代建筑师中的代表人物之一，他作为建筑领域新感觉派的中心人物活跃在大正末期到昭和时代。

他跨越了当时主流的现代设计与前期的古典主义样式之间的界限，致力于自由风格的设计。另外佐藤还关注着"城市的住房问题""关于城市的美学""房屋和行道树"等关于城市、社会和住房等的问题，可见他对于建筑与社会之间联系的关注。

象征着震灾复兴的日比谷公会堂

这座建筑原是作为东京市政调查会馆建造的，大正十一年（1922）佐藤的设计在"东京市政调查会馆建筑设计提案竞赛"中获胜。后在建设过程中因关东大地震而一度暂停，直到昭和四年（1929）才得以完工，因此成为日本第一座象征着震灾复兴的公共礼堂。

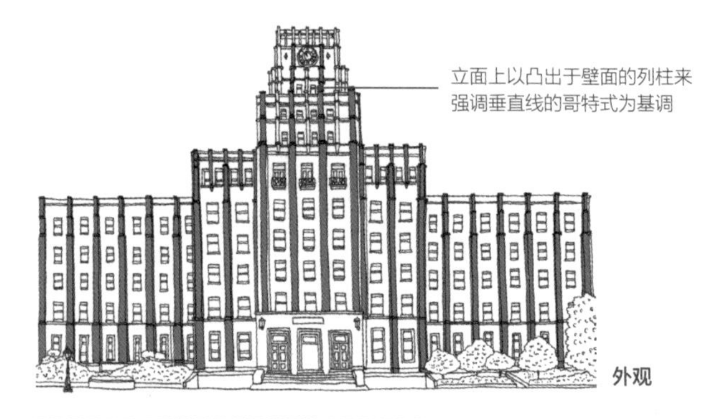

外观

1878 年　7 月 2 日出生于栃木县下都贺郡

1903 年　东京帝国大学工科大学建筑学科毕业

1908 年　任宫内省内匠寮御用职员

1909 年　早稻田大学建筑学科预科创立，为筹备建筑学研究赴欧美留学

佐藤的功绩之一是成立了早稻田大学理工科建筑学科（现早稻田大学创造理工学部建筑学科）。另外，伊藤忠太（建筑史）、冈田信一郎（建筑计划）、内藤多仲（建筑结构）与辰野金吾（顾问）等都对早稻田大学建筑学科的创立做出贡献

1910 年　任早稻田大学讲师

1911 年　任早稻田大学教授

1919 年　获工学博士学位

1921 年　任东京女子高等师范学校讲师

1925 年　任日本女子大学教授

1939 年　任国史馆建设委员会委员，同年任早稻田大学恩赐纪念奖及教职员奖理科审查委员会委员长

1941 年　任日本国防卫生协会理事，6 月 22 日逝世

早稻田大学的象征：早稻田大学大隈讲堂

这是一座钢架钢筋混凝土结构的建筑（钟塔是钢筋混凝土结构），于昭和二年（1927）竣工并于早稻田大学建校 45 周年纪念日当天开馆。由时任教授的佐藤功一和副教授佐藤武夫负责设计，教授内藤多仲负责结构设计。

塔顶装饰有交叉拱（由几段弧线交叉而成的拱）和四叶草图案的雕刻，是基于哥特式风格的自由样式设计

外观

正面入口处设计充满表现力和整体感，采用了贯通二层的、强调纵向高度的三连拱形开口。立面只有少量细节装饰，呈现出平滑的壁面

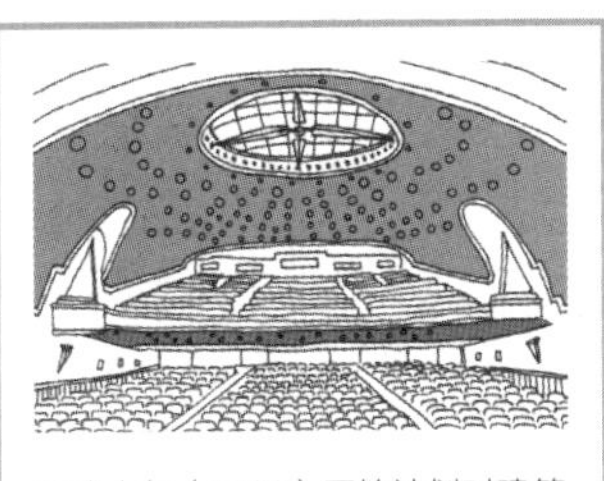

平成十年（1998）开始计划对建筑物进行翻修并充分利用，平成十九年（2007）完成翻修工程，并于同年被指定为国家重要文化遗产。内部装饰还原了原有设计，天灰色的天花板好似夜空一般，楼座的底部涂成了橙色如同日落

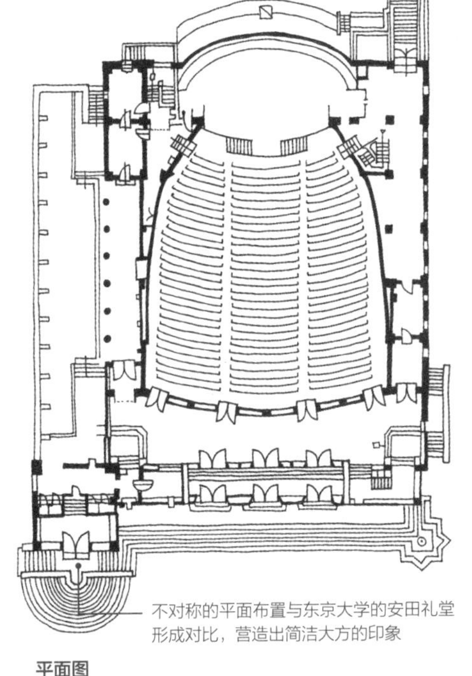

不对称的平面布置与东京大学的安田礼堂形成对比，营造出简洁大方的印象

平面图

人物关系图

柳田国男　**今和次郎**

佐藤功一

佐藤武夫

除了设计以外，佐藤对其他事物也有广泛的兴趣，他与柳田国男、今和次郎都是“白茅会”（致力于研究和保护古民居的研究会）的成员。佐藤武夫是佐藤的学生，一同参与了大隈讲堂的设计工作，他也在建筑声学方面取得了巨大成就，并成立了佐藤综合计画事务所。

日比谷公会堂竣工：1929 年｜所在地：东京都千代田区日比谷公园 1-3
早稻田大学大隈讲堂竣工：1927 年｜所在地：东京都新宿区户冢町 1-104

1

明治时代

大江新太郎

隐藏在日式风格中的现代感

对下属和晚辈体贴入微

据说大江是一个不易受他人影响，坚持自己初衷的人。并且他还十分关照下属和晚辈，他曾说："那些有能力靠自己活下去的人，我可以不必为他们担心任何事情；但是对于那些没有自信的人，我只能通过多照顾他们来给予他们帮助。"

大江是辰野的学生，也是第三代建筑师中的代表人物之一，他提倡发扬和创造日本独有的建筑风格。明治神宫宝物殿是他的代表作品之一，在这座建筑中他尝试使用砖石堆砌的方式来表现传统木造建筑样式。

另外，他还将进化主义※的构思方式与继承了日本传统的近代和风建筑样式相结合，设计了岩崎小弥太宅邸。不仅如此，除了日本传统建筑外，他还设计过很多受到欧洲风格影响的建筑作品，是一位设计手法多样的建筑师。

震灾重建的象征：神田神社本殿

这是一座钢筋混凝土结构的神社，由伊藤忠太担当顾问，大江和佐藤功一负责设计。神社采用权现造（又称石间造）的样式，将本殿、拜殿和币殿用连接走廊连通。这座神社是关东大地震后震灾重建的代表性建筑物。

外观

通过钢框架支撑结构减少了屋顶的负荷，通过布置柱列和缩小柱子的横截面使建筑物看起来更像木结构样式。

1879年　10月26日出生于东京
1904年　毕业于东京帝国大学工科大学建筑学科
1905年　任东京帝国大学工科大学讲师，赴中国出差
1907年　任日光修缮工事监督
1915年　兼任明治神宫造营局工程师
1916年　任造神宫工程师，兼任栃木县工程师
1917年　任造神宫使厅第二课长
1921年　被授予六等瑞宝章，兼任明治神宫造营局工程师、栃木县工程师
1926年　卸任明治神宫造营局工程师和栃木县工程师，兼任内务工程师，高等官二等，年底被授予四等瑞宝章
1929年　参与伊势神宫"式年迁宫"仪式
1935年　6月17日逝世

※ 伊东忠太的建筑进化论认为希腊建筑是由木造形式进化而来的，那么日本的木造建筑也可以进化到石造建筑，因此进化主义致力于思考如何用石造技术做出日本木造建筑的样式。

相关人物
伊东忠太▼18页

进化主义的代表：明治神宫宝物殿

明治神宫由神宫正殿、内苑、外苑和明治纪念馆等组成，是日本近代建筑史上规模最大的城市设计案例。明治神宫宝物殿是在明治神宫的建设整体规划之内的，其位于正殿北侧区域，是一座钢筋混凝土结构的用于收藏和展示的建筑。

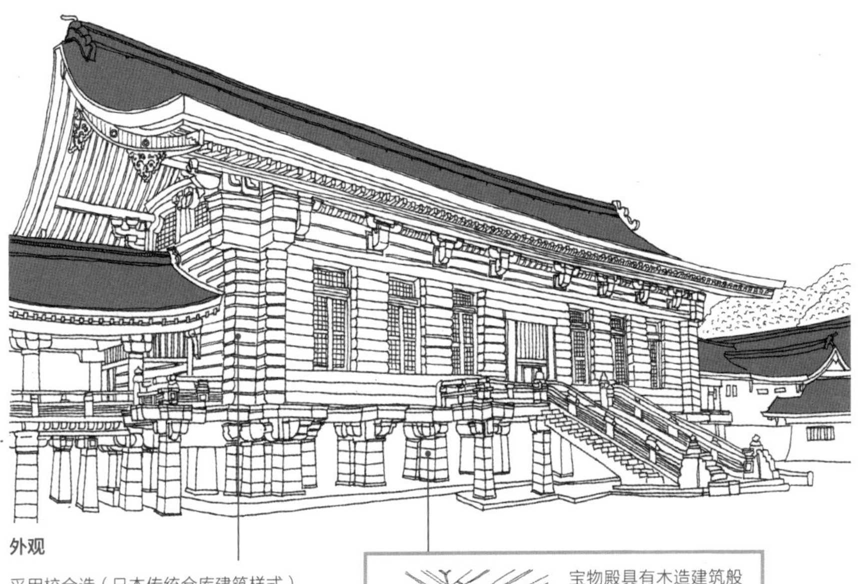

外观

采用校仓造（日本传统仓库建筑样式）来表达对正仓院（日本奈良市东大寺内用来保管寺院和政府文化遗产的仓库，虽然为全木造建筑，但完好地保存了一千多年）的敬意。为了更好地保护收藏品，建筑建造采用耐火和耐风化的钢筋混凝土构造和花岗岩材料等

宝物殿具有木造建筑般的温柔感和轻盈感。藤森照信将宝物殿视为杰作，他曾说："外行人也许不了解设计和建造这座建筑的难度，这真是一个让人叹为观止的作品。"

人物关系图

大江新太郎——伊东忠太

大江宏

大江新

对于大江来说，伊东忠太是恩师般的存在，大江积极地将基于伊东倡导的"建筑进化论"所衍生出来的进化主义融入他的实际作品中。大江的儿子大江宏、孙子大江新也都成了建筑师，可谓是建筑世家。

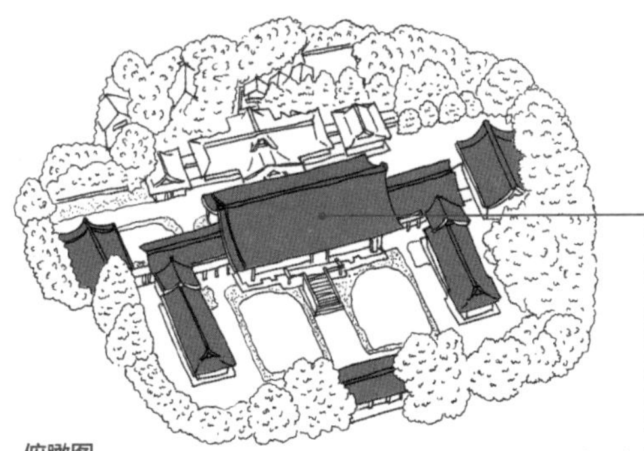

俯瞰图

宝物殿的设计方案是通过设计竞赛公开征集的，一等奖是大森喜一的提案，但他的方案没有被采纳建设。后来由时任明治神宫营造局工程师的大江负责设计，志知勇次负责施工建造

神田神社本殿竣工：1934 年｜所在地：东京都千代田区外神田 2 丁目 16-2
明治神宫宝物殿竣工：1921 年｜所在地：东京都涩谷区代代木神园町 1 明治神宫内

1 明治时代

中村与资平

致力于家乡滨松及海外的政府建筑设计

进步的动力是不再受辰野的责骂

中村在自传中写道，刚毕业时曾经立志跟随辰野学习，但初出茅庐的自己没有什么经验，经常被辰野责骂，每天都过得惴惴不安，直到明治四十一年（1908）负责设计第一银行韩国支行时，才终于赢得了辰野的表扬，心情变得明朗起来。也是以此为契机，中村作为第一银行临时建筑部工务长搬到京城（现韩国首尔）居住，此后便活跃在日本及东亚地区。

当时日本的宅邸经常借鉴西班牙住宅样式建造，但中村是为数不多的将西班牙样式融入公共建筑的建筑师之一。中村在自己的家乡滨松地区和韩国等国家留下许多作品，他是日本最早在海外开设建筑事务所的建筑师之一。

在国外生活期间，他发表过关于城市的论文，是一位密切关注城市规划的建筑师。二战结束后，中村回到家乡，在静冈县教育委员会工作，致力于将海外教育方法传播到日本。

为静冈市增添色彩的政府建筑

静冈市中心城区现存的静冈县厅、静冈市役所主楼（同为政府办公楼建筑）和静冈银行总部三座建筑都出自中村之手，非常适合在城市中漫步时欣赏。

静冈县厅是于昭和十二年（1937）竣工的钢筋混凝土结构的四层（部分五层）建筑，是日西合璧样式，现在为日本登录有形文化遗产。泰井武的提案在竞赛中获胜，由中村负责实施设计

正面中央是帝冠样式的攒尖式屋顶，并用宝珠造型装饰

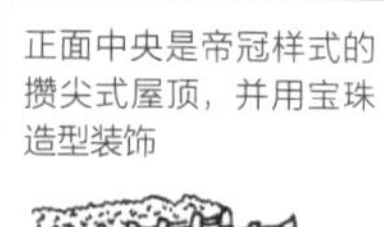

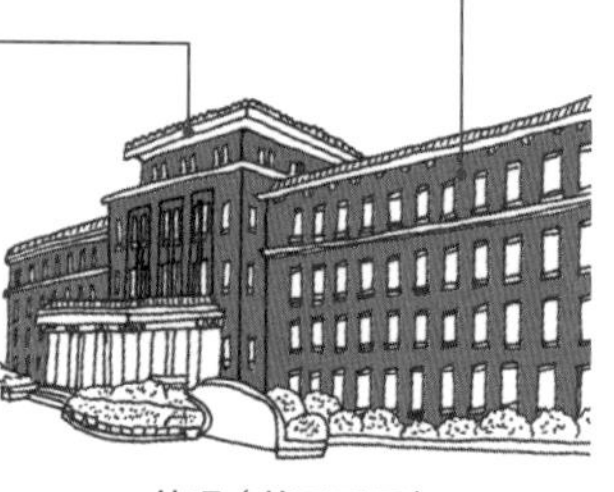

外观（静冈县厅）

静冈三十五银行（现静冈银行总部）于昭和六年（1931）年竣工，坐落在街道转角处。街角地块上的建筑通常具有不同的左右布置，但这座建筑从交叉路口看过去是几乎对称的，可以从中看出中村从城市角度对于建筑的考量

外观（静冈银行总部）

虽然是钢筋混凝土构造，但看起来像是石造建筑。建筑物面向马路的两面分别有四根多立克式列柱

丰桥市公会堂也由中村设计，建筑物正面的阶梯直接通往建筑二层

外观（丰桥市公会堂）

西班牙样式的静冈市役所

这是一座钢筋混凝土结构的四层建筑，是西班牙设计风格，现在为日本登录有形文化遗产。

中央圆顶设计具有象征意义，圆顶用马赛克瓷砖装饰，外墙用西班牙样式的红色陶土装饰。据说日本当时流行的西班牙样式是从美国的旧西班牙殖民地传来的

外观

当时的官厅建筑（政府办公建筑）象征着权力，设计追求具有强烈的纪念意义。中村在此基础上加入了西班牙样式，并从城市的角度考虑设计

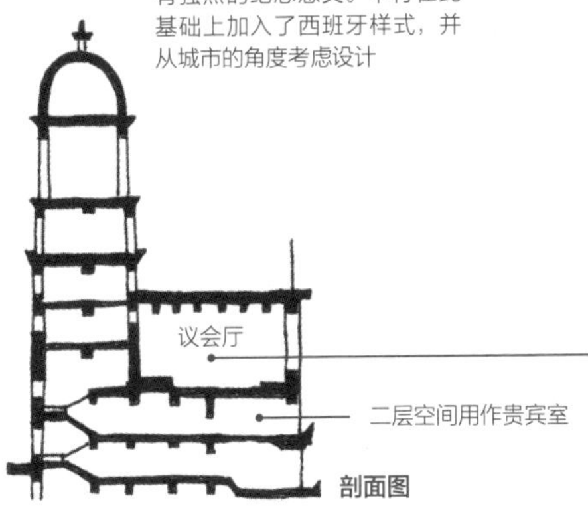

剖面图

议会厅装饰有带三角楣的窗户和以拱门为背景的主席台

人物关系图

辰野金吾
中村与资平 — 岩井长三郎

可以说中村的职业生涯是因为在辰野事务所接手第一银行韩国支行这个项目而改变。岩井是中村在帝国大学时期的同学，受大藏省派遣至朝鲜负责朝鲜总督府的项目。那段时期赴海外工作的还有另外三位同学，但除中村以外，其他人都英年早逝，可见那是一个多么动荡的时代。

1880 年　2 月 8 日出生于静冈县滨松市
1902 年　旧制第三高等学校毕业
1905 年　东京帝国大学工科大学建筑学科毕业，入职辰野葛西建筑事务所
1912 年　在京城（现韩国首尔）开设中村建筑事务所
1917 年　在中国大连开设设计分部及工事部（贸易会社日美公司内）
1921 年　赴欧美旅行
1922 年　关闭京城和中国大连的事务所，同年在东京开设中村事务所
1924 年　在实践女子专门学校（现实践女子大学）任住宅学讲师（约二十年）
1934 年　事务所更名为中村与资平建筑事务所
1942 年　在日本大学教授都市计划学课程
1944 年　关闭事务所，回滨松避难
1947 年　任相坂建筑事务所顾问
1952 年　任静冈县教育委员会委员
1956 年　任静冈县教育委员会副委员长
1963 年　12 月 21 日逝世

静冈县厅竣工：1937 年｜所在地：静冈县静冈市葵区追手町 9-6
静冈银行总部竣工：1931 年｜所在地：静冈县静冈市葵区吴服町 1-10
丰桥市公会堂竣工：1931 年｜所在地：爱知县丰桥市八町通 2-2249
静冈市役所竣工：1934 年｜所在地：静冈县静冈市葵区追手町 5-1

1 明治时代

冈田信一郎

为古典样式建筑添上浓墨重彩的一笔

探寻建筑社会性的批判家

冈田是一位非常关注建筑与社会之间关系的建筑师，他认为建筑是一种可以创造社会环境的事物，因此建筑师不仅要研究建筑，还要研究和理解社会和人类。冈田严厉批判了当时的日本建筑界，称："一味效仿欧美的建筑，不过是将海外建筑杂志上的图纸拿来拼接起来的表面设计。"在同时代的建筑师中，他只对伊东忠太的进化主义表示认同，另外也对文艺复兴思潮感兴趣。

冈田信一郎是日本第三代建筑师之一，在当时日本建筑界普遍崇尚欧洲建筑样式的时代，冈田被认为是充分消化了欧洲建筑样式并将其继续发展的成熟一代建筑师的代表。

他设计出了许多出众且评价很高的建筑作品，例如进化主义和近代日式风格结合的歌舞伎座、美国布杂风格的明治生命馆、欧洲文艺复兴风格的大阪中之岛公会堂等。不仅如此，他还热衷于大学的教育活动，致力于在东京美术学校和早稻田大学培养年轻一代人才。

至今仍深受人们喜爱的大阪市中央公会堂

大阪市中央公会堂又称"中之岛公会堂"，大正元年（1912）冈田的提案在竞赛中获胜，后来由辰野金吾和片冈安负责实施设计，虽然在窗户和屋檐等处做了一些修改，但外观基本遵循了冈田的方案。公会堂是钢筋砖造建筑，地上三层，地下一层。现在是重要文化遗产，对其的维护和再利用备受关注。

外观

1883 年　11 月 20 日出生于东京

1903 年　东京帝国大学工科大学建筑学科入学

1906 年　东京帝国大学工科大学建筑学科毕业，因成绩优异被授予恩赐银怀表（恩赐奖），进入研究生院

1907 年　任东京美术学校设计学科讲师

1908 年　任建筑学会文样集成出版实行委员（至 1922 年），任建筑学会成立 25 周年纪念大会特别委员

1911 年　任早稻田大学建筑学科讲师

1912 年　任早稻田大学教授

黑田纪念馆

冈田的遗作：明治生命馆

明治生命馆又称明治生命保险相互会社本馆，位于丸之内商务区，是一栋钢筋混凝土结构的办公建筑，地上八层，地下二层。由竹中工务店负责施工建设。虽然是二战后才建设的建筑，但于平成九年（1997）就被选定为重要文化遗产，这是昭和时代建造的建筑中第一座被选定为重要文化遗产的。明治生命馆也是冈田的遗作，还未建成时冈田就逝世了，后续工作由他的弟弟冈田捷五郎接手完成。

建筑物的背面是三十七层高的丸之内大厦，基于平成十一年（1999）制定的“重要文化遗产特别型特定街区制度”，由大正十二年（1923）建造的八层高的旧丸之内大厦改建而成

虽然是学院派风格的建筑，但也采用了文艺复兴样式的设计，堪称美国文艺复兴风格。10个带有柯林斯样式柱头、高五层的列柱依次排开，分割出立面层次：一楼是砖石墙，二至六楼饰有列柱，其上是七楼和顶楼

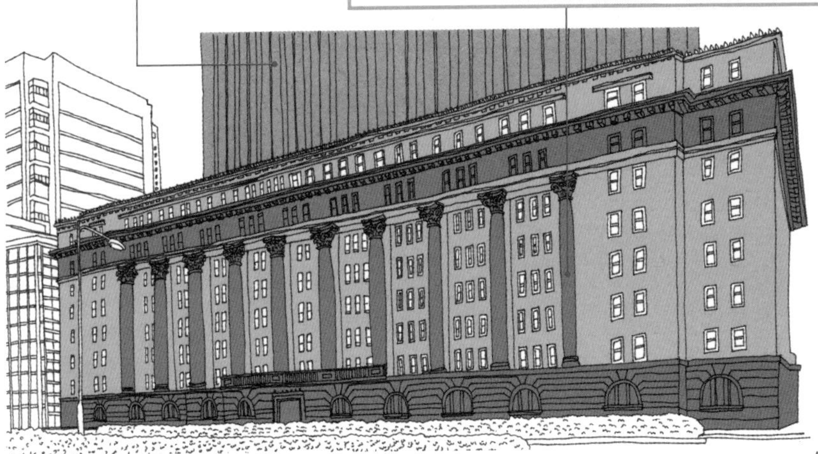

外观

人物关系图

田向静（万龙）—冈田信一郎

冈田信一郎—吉田五十八

冈田信一郎—今和次郎

鸠山一郎—冈田信一郎

鸠山一郎（日本第52—54任内阁总理大臣）是冈田自中学以来的好友，两人关系十分密切，冈田为鸠山设计了宅邸。万龙本名田向静（明治末年有日本第一美人之称，同时也是当时一流的艺伎）是冈田的妻子。冈田在教育方面也取得了很大的成就，培养出吉田五十八和今和次郎等优秀建筑师。

（接左表）

1920年	任建筑学会大阪美术馆新建设计提案募集注意书作成委员
1921年	任建筑学会常设委员规则改正特别委员
1922年	任帝国美术院展览会委员
1923年	任东京美术学校教授、建筑科主任
1932年	4月4日逝世
1934年	明治生命馆建成 明治生命馆作为冈田的遗作，据说是冈田在病床上通过现场照片给出指导意见的方式工作的

明治生命馆

大阪市中央公会堂竣工：1918年｜所在地：大阪府大阪市北区中之岛1-1-27
明治生命馆竣工：1934年｜所在地：东京都千代田区丸之内2-1-1

1 明治时代

本野精吾
崇尚现代风格设计的绅士

喜欢新鲜事物的自由主义者

在京都居住的时候，本野经常教大家跳交谊舞、拉小提琴，还举办音乐晚会等上流文化活动，他还在京都大学组建了一支管弦乐队，大家都称他是“超级时髦的摩登绅士”。他的学生，曾任安井建筑设计事务所董事长的川村种三郎回忆起他时说道：“除了建筑师之外，他还是一位有着超凡音乐才能的多才多艺的艺术家，并且崇尚自由主义的教育方式。”

本野从东京帝国大学工科大学毕业后，受武田五一的邀请担任京都高等工艺学校设计学科教授。

他曾参加分离派建筑会（主要由东京帝国大学工科大学的毕业生组成，强调建筑的艺术性，旨在摆脱过去风格的建筑运动）、创宇会（受分离派建筑运动影响而结成的建筑运动团体）等活动，并与上野伊三郎（早稻田大学建筑系毕业）、伊藤正文（早稻田大学建筑系毕业）、石本喜久治（东京帝国大学建筑学科毕业、分离派建筑会创立成员之一）等人在京都成立了国际建筑会，他作为骨干成员，在促进现代风格设计发展方面做出了贡献。

大胆的采用全横向长窗设计

京都工艺纤维大学（旧京都高等工艺学校）最初位于今天的京都大学吉田校区内，后来于昭和五年（1930）搬到现在的位置——松崎。学校的主楼（现三号馆）也是在这一年竣工的，是由本野设计的钢筋混凝土结构的三层建筑。

外观

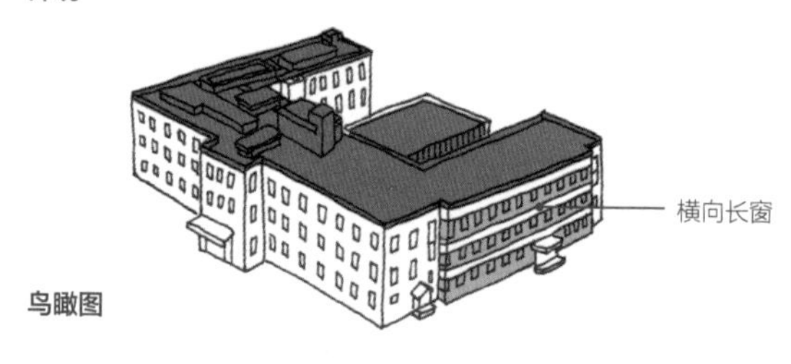

鸟瞰图

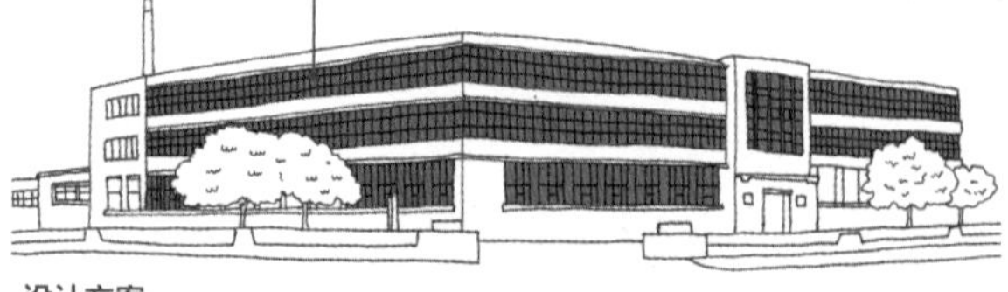

设计方案

欧洲留学返日后的处女作：京都市考古资料馆（旧西阵织物馆）

京都市考古资料馆是本野的代表作之一，是本野在时任京都高等工艺学校校长中泽岩太的推荐和委托下负责设计的，这也是本野刚从欧洲留学结束，返日后的处女作。建筑是三层砖造结构，在大正元年（1912）各种样式主义建筑占据主流的时代，这座建筑的现代性令人震撼。

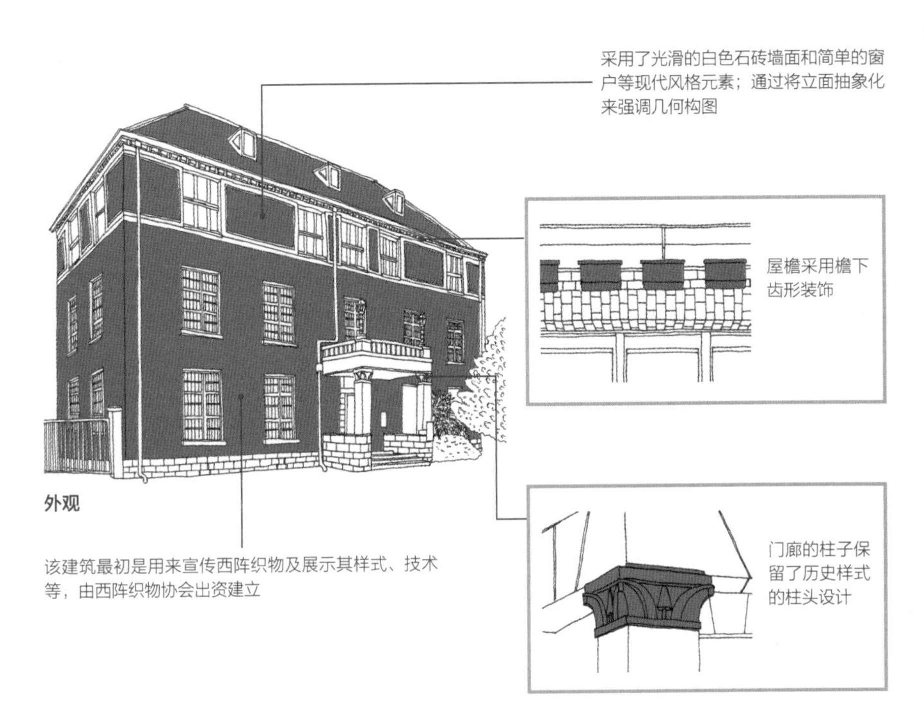

外观

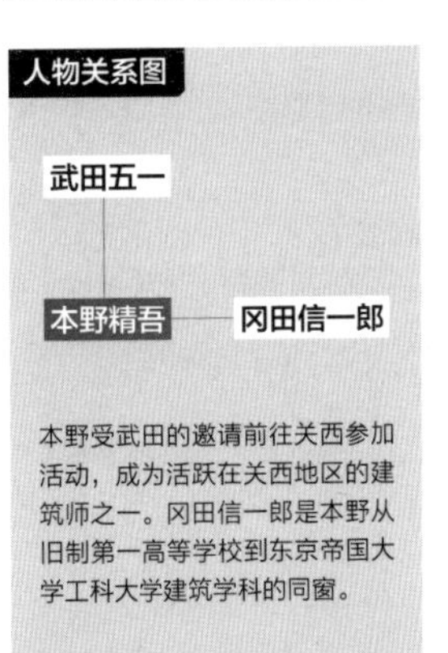

本野受武田的邀请前往关西参加活动，成为活跃在关西地区的建筑师之一。冈田信一郎是本野从旧制第一高等学校到东京帝国大学工科大学建筑学科的同窗。

1882 年　9 月 30 日出生于东京
1903 年　旧制第一高等学校大学预科（工科方向）毕业，9 月东京帝国大学工科大学建筑学科入学
1906 年　东京帝国大学工科大学建筑学科毕业，入职三菱合资会社
1908 年　任京都高等工艺学校设计学科教授（至 1943 年）
1909 年　德国柏林工科大学留学，为完成《设计学研究》赴英、法调研
1918 年　任京都高等工艺学校设计学科科长
1924 年　自己的宅邸竣工（采用了中村镇发明的混凝土砌块结构）
1927 年　参与筹备设立日本国际建筑会
1929 年　鹤卷鹤一宅邸（现栗原宅邸）竣工
1931 年　参与筹备设立京都家具工艺研究会
1936 年　前往中国台湾
1939 年　赴美国考察
1941 年　前往中国东北等地
1943 年　从京都高等工艺学校退休，任日野汽车顾问
1944 年　8 月 26 日逝世

京都工艺纤维大学三号馆（旧京都高等工艺学校）竣工：1930 年｜所在地：京都府京都市左京区松崎桥上町
京都市考古资料馆（旧西阵织物馆）竣工：1914 年｜所在地：京都市上京区今出川大宫向东元伊佐町 265-1

内田祥三

自称是『万事屋』的全才

桃李满天下是他最伟大的作品

内田的学生村松贞次郎曾称赞：“内田老师最大的成就是作为教育和研究工作者培养出许多优秀的年轻一代，他们在老师的引领下建立起宏伟的近代建筑学体系。老师完成了一项让人难以望其项背的事业，这无疑是一个无形而伟大的‘建筑作品’，老师的名字也将永远流传下去。”

内田是位在建筑构造学领域闻名的学者，与冈田信一郎及渡边仁同属第二代建筑师中的代表人物。作为佐野利器的学生，他进一步开拓了日本钢筋混凝土构造学和钢筋构造学的领域。另一方面，内田接任山口孝吉的职务，于大正十二年（1923）起担任东京帝国大学营缮科科长，并设计了国立天文台等众多作品。

内田曾称自己是“万事屋”（常被用来比喻什么都想干的人，什么都能干的人）。他作为文化遗产保护委员会的成员曾建议保留日本银行总部（辰野金吾设计）和旧岩崎邸（乔赛亚·康德尔设计）。

穿透天空的东京大学安田讲堂

欧洲和美国大学里的纪念性设施常采用哥特式风格设计，东京大学的安田讲堂则是日本的典型案例。这是一座钢筋混凝土结构的地上三层、地下一层的建筑。

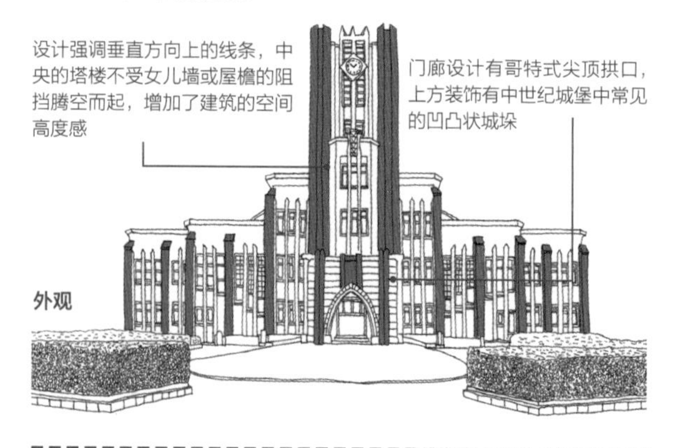

1885 年　出生于东京市
1901 年　旧制开成中学毕业后，旧制第一高等学校入学
1904 年　东京帝国大学工科大学建筑学科入学
1907 年　东京帝国大学工科大学建筑学科毕业后，入职三菱合资地所部（现三菱地所）负责办公建筑等的建设工作
1910 年　东京帝国大学工科大学大研究生院就读，跟随佐野利器研究建筑构造
1911 年　任东京帝国大学工科大学讲师，任陆军经理学校讲师
1916 年　任东京帝国大学工科大学助教
1918 年　获得工学博士学位，博士论文题目“关于建筑结构，特别是墙体和地板的研究”
1921 年　任东京帝国大学工学部教授
1923 年　任东京帝国大学营缮科科长
1924 年　任财团法人同润会理事
1935 年　任日本建筑学会会长
1943 年　任东京帝国大学第十四任校长（至 1945 年）
1972 年　被授予文化勋章，12 月逝世

留下众多设施的国立天文台

国立天文台的前身是明治二十一年（1888）位于东京市麻布区的东京天文台，由文部省建设和管理。建筑在关东大地震中遭受巨大破坏，于明治四十二年（1909）搬迁到现在的地点三鹰市进行重建。现存的设施包括大正十年（1921）竣工的第一赤道仪室，大正十三年（1924）竣工的子午环室、门卫所、正门的门柱及墙面，大正十四年（1925）竣工的子午仪室、第一子午环子午线标室、第二子午环子午线标室，大正十五年（1926）竣工的太阳塔望远镜、大赤道仪圆顶室，以及昭和五年（1930）竣工的图书库及仓库。其中，大正十二年（1923）以后建设的设施都由时任营缮科科长的内田负责建设。

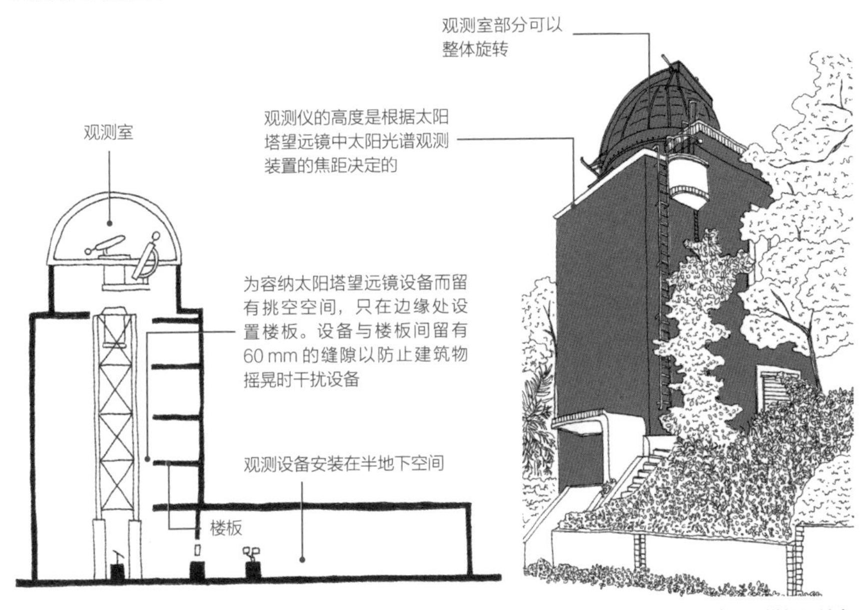

剖面图（太阳塔望远镜）

外观（太阳塔望远镜）

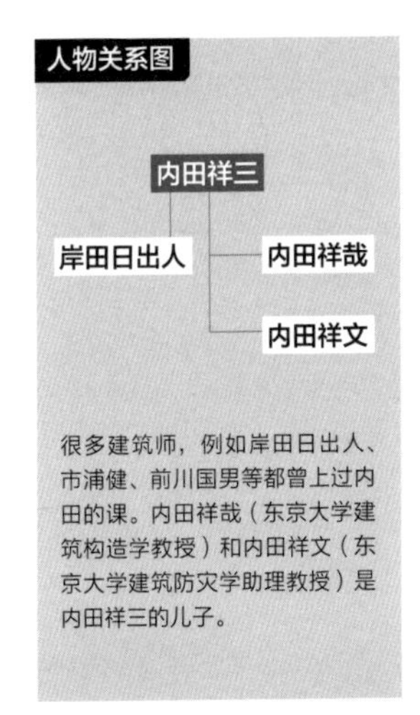

很多建筑师，例如岸田日出人、市浦健、前川国男等都曾上过内田的课。内田祥哉（东京大学建筑构造学教授）和内田祥文（东京大学建筑防灾学助理教授）是内田祥三的儿子。

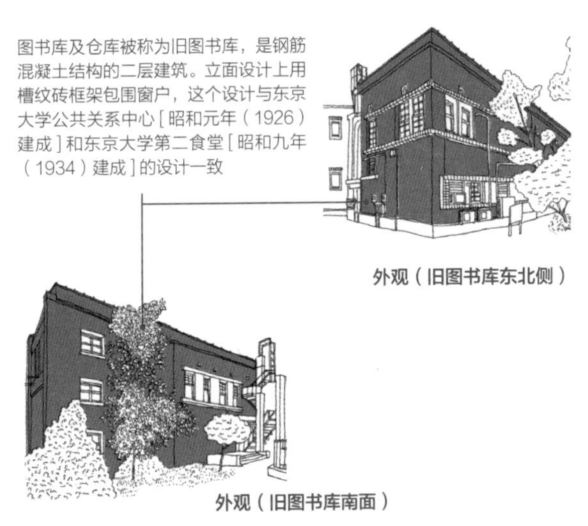

外观（旧图书库东北侧）

外观（旧图书库南面）

东京大学安田讲堂竣工：1935年｜所在地：东京都文京区本乡7-3-1
国立天文台竣工：1921—1930年｜所在地：东京都三鹰市大泽2-21-1

1

明治时代

渡边节

理性地追求华丽的历史样式

渡边节是第三代建筑师中的代表人物之一。那时，第三代建筑师流行去美国留学及考察，渡边也不例外，从他设计的办公建筑中可以看出他受到当时在美国流行的学院派风格的影响，不过在细节设计上他大量引入了日本本土设计元素。

与冈田信一郎一样，渡边也被认为是很好地运用了历史主义样式的建筑师，并将核心筒、抗震墙等体系融入设计，追求“实用之美”。

独具慧眼的“伯乐”才能

村野藤吾是渡边节的学生，据村野回忆说当时渡边来早稻田大学看到自己的设计时，立刻就说“把这个人给我”，就这样把当时已经决定去大林组工作的村野拉到了自己的事务所，村野在渡边那里受到了极高的重视及严格的指导。另外，设计了日本兴业银行本店的内藤多仲也是渡边发掘的，可见他对于人才独特的赏识能力。

日本最古老的扇形车库：梅小路机车库

借大正天皇即位的契机，由铁道院西部铁道管理局负责对东京站进行改修工程。梅小路机关车库作为改修工程的一部分于大正三年（1914）竣工，采用了艾纳比克构造，是日本国内最古老的钢筋混凝土构造的机关车（火车）扇形车库。

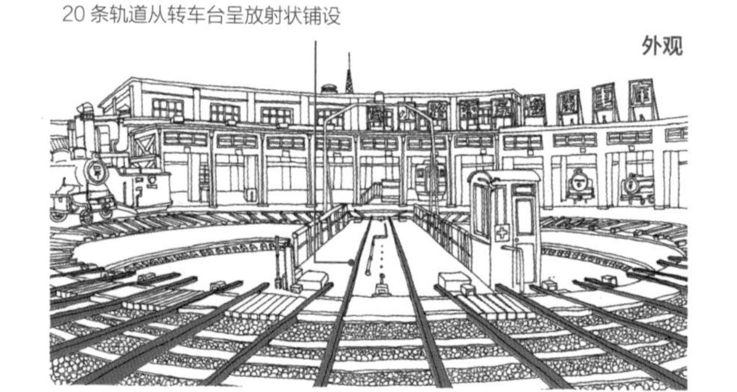

1884 年	11 月 3 日出生于东京
1908 年	东京帝国大学工科大学建筑学科毕业后，任朝鲜政府财政部建筑所工程师
1910 年	受委任设计朝鲜总督府（至 1912 年）
1912 年	铁道院任职
1917 年	从铁道院离职，开设渡边建筑事务所
1920 年	赴欧美考察（至 1921 年）
1922 年	赴美国考察 此时正值纽约摩天大楼盛行的时代，渡边参观了当时世界第一高的由美国建筑师卡斯·吉尔伯特设计的伍尔沃斯大楼，并学习了高层建筑中核心筒的施工方法
1943 年	前往福井县芦原町避难
1946 年	在大阪重新开设渡边建筑事务所
1964 年	被授予五等双光旭日章
1966 年	任大阪府建筑士会名誉会长，任日本建筑学会名誉会员
1967 年	任日本建筑士会联合会名誉会长，逝世

历史主义风格的棉业会馆

棉业会馆是钢架钢筋混凝土结构的地上六层、地下一层且带有出屋面楼梯间的建筑。位于大阪代表性商业用地——船场的中心位置，是一座供纺织和纤维相关产业人士使用的俱乐部。建筑评论家长谷川尧将棉业会馆称为渡边的杰作，并称“东仁”（指渡边仁）和“西节”（指渡边节）在当时的民间建筑界平分秋色。

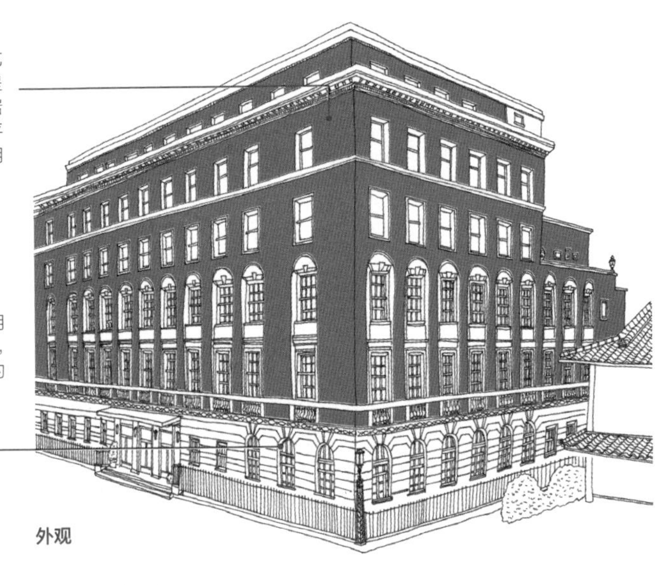

外观

引入核心系统的先驱：日比谷大厦

渡边最著名的功绩之一是提出在写字楼中引入核心系统，日比谷大厦就是其代表案例，将电梯、楼梯间、厕所、走廊等集中布置在建筑中央，组成核心系统。

人物关系图

妻木赖黄
渡边节
村野藤吾

虽然没有直接的师徒关系，但妻木很看重渡边的实力，据说妻木还参加了渡边的婚礼晚宴。渡边作为村野的伯乐，对村野的职业生涯有着巨大的推动作用。

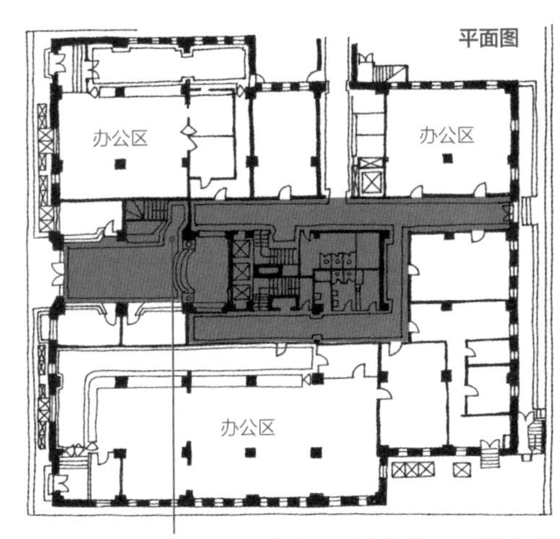

被认为是日本第一批采用核心系统设计的建筑案例之一。渡边将辅助服务性空间向建筑的中央集中布置，使主功能空间占据最佳的采光位置，并达到视线良好、内部交通便捷效果

梅小路机车库竣工：1914 年｜所在地：京都府京都市下京区欢喜寺町 3
棉业会馆竣工：1931 年｜所在地：大阪市中央区备后町 2-5-8

相关人物
妻木赖黄▼12页｜村野藤吾▼76页

1 明治时代

长谷部锐吉

将古典美与现代设计融合

为人温厚绅士的艺术家

长谷部的挚友竹腰健造回忆道：“长谷部是一个温柔安静的绅士，多年来一直坐在我旁边，如果我不和他说话，他甚至可以一整天一言不发。但他对设计洋溢着巨大的热情，且极具创意，是当时无人能及的杰出设计师。”竹腰还赞叹道：“长谷部是纵贯明治、大正、昭和三代最优秀的建筑师和最优秀的人，如果神有化身，大概就是他这样吧。”

长谷部的代表作：东京路德中心教会

以塔楼为中心，用箱形体块构成不对称形式的设计，不加装饰的白色平滑墙面和入口上方的几何图案等都是长谷部设计手法的典型特征。

外观

长谷部锐吉受到自由风格的影响，设计整体风格常采用现代样式，同时细节上采用古典样式装饰。这种设计手法被誉为新感觉派，日本新感觉派的兴起在一定程度上标志着古典样式的衰落。

长谷部与竹腰健造曾一起在住友营缮科工作，被认为是现在的日建设计的创始人。

1885年　10月7日出生于北海道札幌市
1909年　东京帝国大学工科大学建筑学科毕业后，入职住友总部临时建筑部
1918年　获圣德纪念绘画馆设计竞赛二等奖
1921年　任住友合资会社工作部工程师
1927年　任住友合资会社工作部首席工程师、建筑科长
1933年　成立长谷部竹腰建筑事务所
1944年　住友土地工务株式会社成立，任常务董事
1945年　日本建设产业株式会社成立，任董事
1950年　日建设计工务株式会社成立，任顾问
1960年　10月24日逝世

大阪圣玛利亚主教座堂

保留着古典风格的三井住友银行大阪总部营业部

三井住友银行大阪总部营业部是由长谷部和竹腰健造共同设计的钢架钢筋混凝土结构的建筑，一期工程（面向土佐堀通的正面部分）建于大正十一年至大正十五年（1922—1926）；二期工程（南面的背面部分）建于昭和二年至昭和五年（1927—1930）。设计上保留古典样式的同时，省略了细节装饰，这是长谷部的设计特征之一。

外观

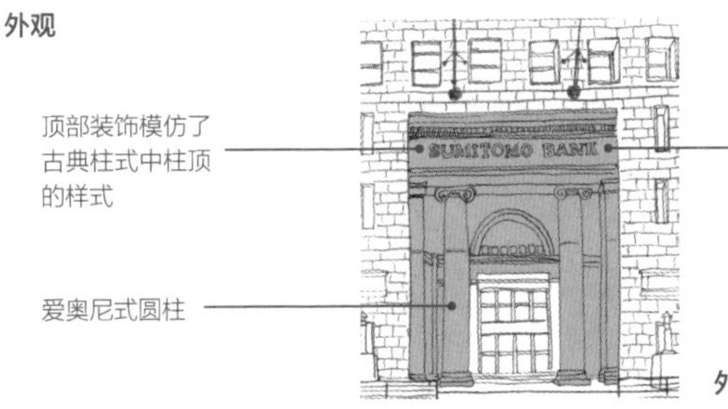

外观（入口）

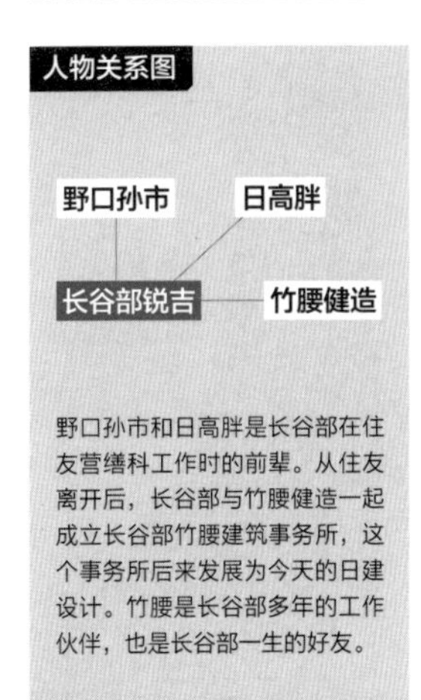

野口孙市和日高胖是长谷部在住友营缮科工作时的前辈。从住友离开后，长谷部与竹腰健造一起成立长谷部竹腰建筑事务所，这个事务所后来发展为今天的日建设计。竹腰是长谷部多年的工作伙伴，也是长谷部一生的好友。

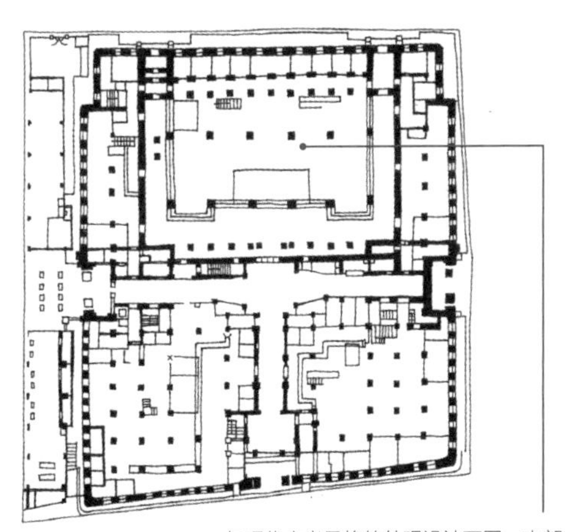

平面图

东京路德中心教会竣工：1937 年｜所在地：东京都千代田区富士见 1-2-32
三井住友银行大阪总部营业部（旧住友大厦）竣工：1930 年｜所在地：大阪府大阪市中央区北滨 4-6-5

1 明治时代

内藤多仲

日本抗震结构技术的创造者

抗震结构之父

内藤多仲是佐野利器的学生，是内田祥三的后辈。佐野确立了建筑物的刚性结构理论，即为了提高抗震性，必须确保建筑物的强度和刚度，从而推动了抗震理论朝体系化发展；内藤发展了这一理论，通过在有效位置嵌入抗震墙来避免结构变形，创造出"框架建筑抗震结构论"。渡边节设计的日本兴业银行总行就采用了这一结构。

内藤是一位建筑结构学家，被誉为日本抗震结构技术的创造者。大正时代，建筑界普遍使用钢架结构对钢筋混凝土结构的建筑进行抗震加固，内藤提出的抗震墙结构无疑是突破性的创造，并且这一结构在今天仍被广泛使用。

作为结构学家，内藤在早稻田大学大隈讲堂、广岛和平纪念教堂等多个项目中负责结构设计的工作。另外，他还参与了东京塔、别府塔、大阪通天阁等69座观光塔或电波塔的设计工作。

曾经的东京最高点：东京塔

东京塔的高度为333 m，是当时世界上最高的电视塔，也是当时东京的最高点。名古屋电视塔、别府电视塔（现别府塔）和札幌电视塔也在这一时期的日本各地相继建成。昭和二十七年（1952）电视节目在东京、大阪和名古屋开始试播，并于昭和二十八年（1953）正式开播。

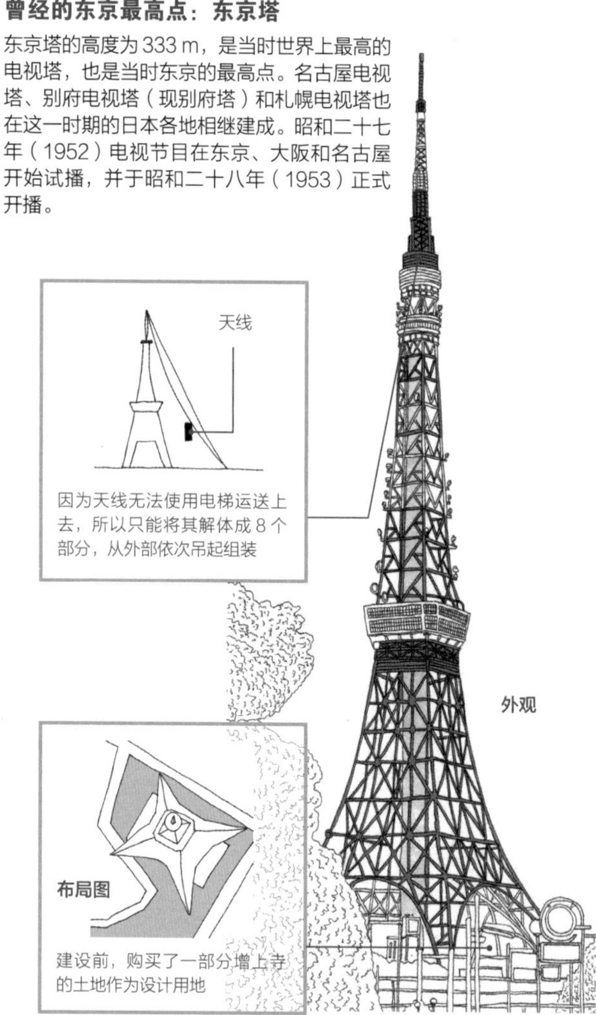

因为天线无法使用电梯运送上去，所以只能将其解体成8个部分，从外部依次吊起组装

建设前，购买了一部分增上寺的土地作为设计用地

日本第一座综合电视塔：名古屋电视塔

高 180 米的名古屋电视塔位于久屋大通公园，二战结束后作为名古屋战后复兴计划的项目之一进行建造，于昭和二十九年（1954）竣工，由内藤多仲（结构）、今井兼次（建筑）负责设计，日建设计工务部担当现场监理。结构主体为钢结构，四根塔腿由拱形交叉的钢筋混凝土结构连接。作为日本第一座综合电视塔，曾承担了 NHK（日本广播协会）和商业广播的信号发射工作。

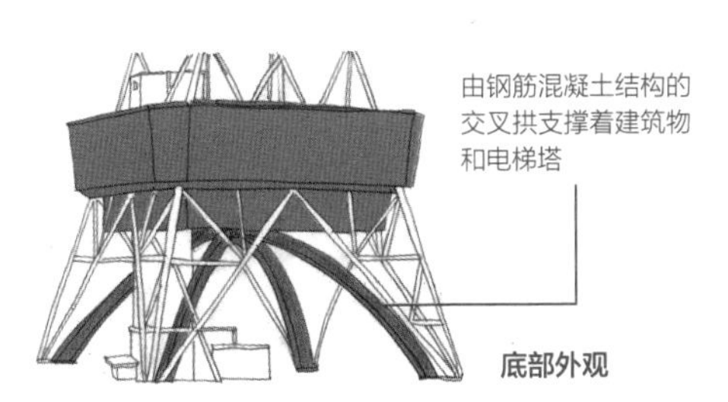

底部外观

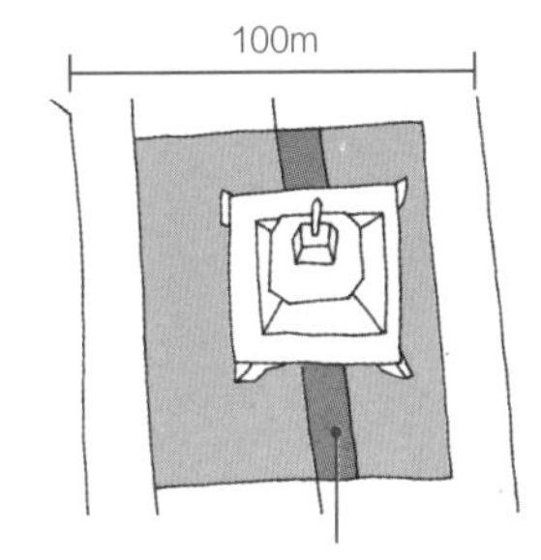

平面布局图　场地位于宽约 100 米的步道中

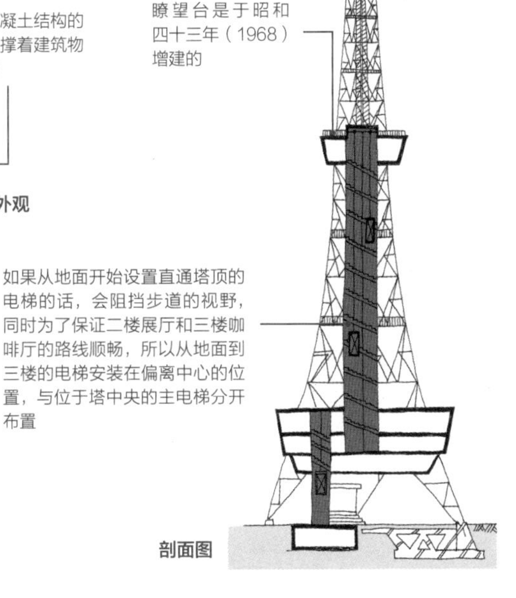

剖面图

人物关系图

佐野利器
内藤多仲
村野藤吾　安井武雄
内藤多四郎

内藤作为佐野的学生继承和发展了建筑结构学。另外，内藤与村野藤吾、今井兼次等也有合作，曾负责过他们作品中的结构计算。安井武雄是内藤东京帝国大学工科大学时期的同学。内藤的儿子内藤多四郎也从事结构设计方面的工作。

- 1886 年　6 月 12 日出生于山梨县
- 1907 年　东京帝国大学工科大学造船学科入学，后转至建筑学科
- 1910 年　东京帝国大学工科大学建筑学科毕业，进入研究生院，任早稻田大学讲师
- 1912 年　任早稻田大学教授
- 1924 年　获工学博士学位，博士论文题目⌐建筑结构耐震构造论⌐
- 1937 年　赴欧美考察
- 1939 年　任早稻田大学专门部工科部长（至 1942 年）
- 1944 年　任早稻田大学理工学部部长（至 1946 年）
- 1946 年　任早稻田大学理工学研究所所长（至 1954 年）
- 1956 年　第二代大阪通天阁竣工
- 1957 年　从早稻田大学退休，任名誉教授，同年别府塔竣工，8 月札幌电视塔竣工
- 1970 年　8 月 25 日逝世

东京塔竣工：1958 年｜所在地：东京都港区芝公园 4 丁目 2-8
名古屋电视塔竣工：1954 年｜所在地：名古屋市中区锦 3 丁目 6-15

1 明治时代

安井武雄

追寻自己独特的设计风格

对历史主义样式的反抗精神

安井在回忆中这样评价自己："我一直在反抗这种样式主义，也因此曾受到他人的嘲笑与责骂，虽然是个别行为，但那时仍对我的生活和身边的人造成了一些困扰。"在学校贯彻传授西方历史主义样式建筑的时代，安井保持了追求独特建筑风格的反骨精神。

现代主义风格的日本桥野村大厦

这是一座钢架钢筋混凝土结构的七层办公建筑，设计上省略了装饰，给人一种现代主义的感觉。设计手法延续了安井在中国工作时期的风格，极具东方气息。

外观

安井与渡边节、田边淳吉等人都是第三代建筑师中的代表人物。第三代建筑师通过重新诠释历史主义样式，创造出了个性化的新感觉派风格。安井评价自己的作品大阪瓦斯大厦※是"基于使用目的和结构设计出的自由样式建筑"，并由此将自己的设计风格命名为"自由样式"。

建筑师本人为其设计风格命名的，除了下田菊太郎的"帝冠式"之外，就数安井的"自由样式"最有名了，安井也成了罕见的非后世，而是自己为设计风格命名的建筑师的代表。

1884 年	2 月 25 日出生于千叶县佐仓市
1907 年	东京帝国大学工科大学建筑学科入学
1910 年	东京帝国大学工科大学建筑学科毕业
1919 年	入职片冈建筑事务所
1920 年	赴美国，在纽约的洛克利斯 · 汤普森事务所从事神户川崎造船厂综合医院的设计工作（至 1921 年）
1921 年	设计野村银行堂岛分行
1922 年	设计野村银行总行，受委托设计大阪俱乐部，保留在片冈建筑事务所职位的同时，担任大阪俱乐部临时建筑事务所负责人
1923 年	在大阪开设安井武雄建筑事务所
1925 年	在东京开设建筑事务所，设计野村银行京都分行
1937 年	任京都帝国大学讲师
1945 年	任野村建设工业株式会社社长
1946 年	任安井建设株式会社社长
1951 年	任安井建筑设计事务所董事长
1955 年	5 月 23 日逝世

※ 由日本知名的天然气公司，大阪瓦斯株式会社所有。

安井美学的最高作：大阪瓦斯大厦

大阪瓦斯大厦竣工时得到了广泛好评，村野藤吾赞誉其为“城市建筑之美的极致代表”，因此很多人将这座建筑看作是安井的代表作。大厦是钢筋混凝土构造，地上八层，地下二层。

建筑转角处呈曲面设计，窗户被白色的垂直线段均匀分隔开来，并通过水平方向上每层突出的薄屋檐样式的装饰切割立面，使建筑产生阴影变化

白墙给人的印象很强烈，但较低的一层和二层外墙覆盖着黑色花岗岩，营造出一种深沉的感觉。底层几乎没有装饰元素，是明显的现代主义风格

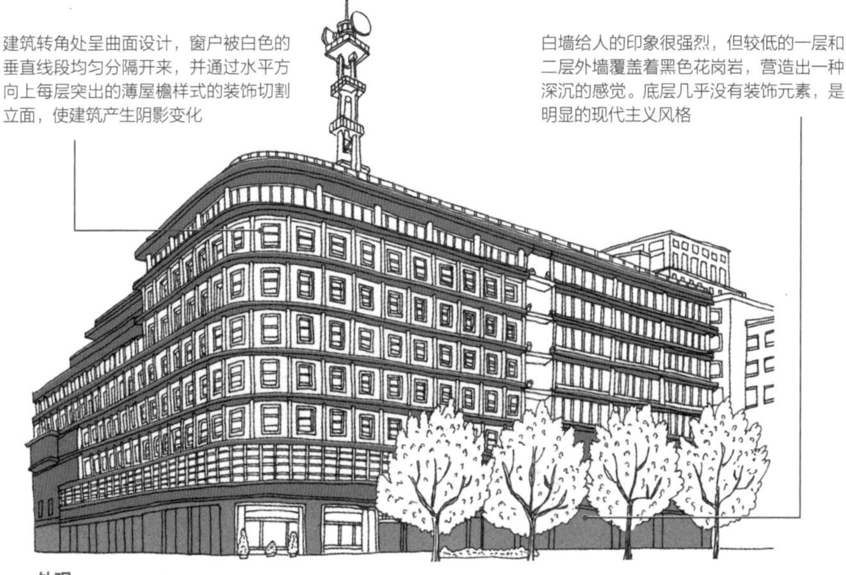

外观

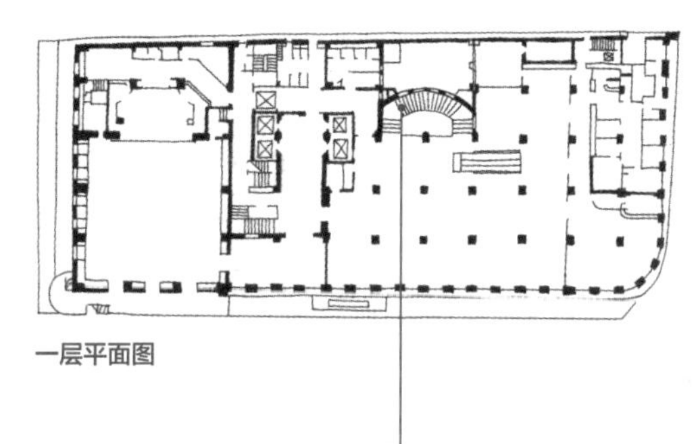

一层平面图

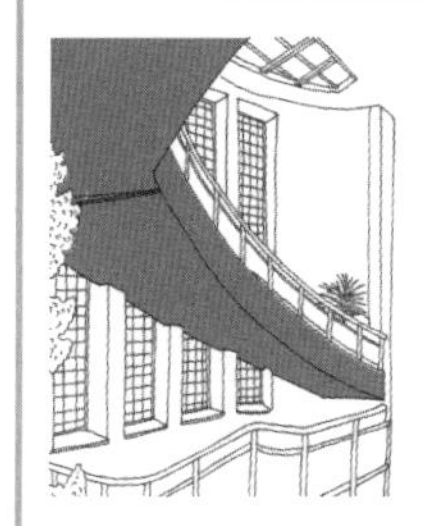

虽然是写字楼，但室内空间不仅只作办公使用，还有燃气器具的展示空间、大厅、餐厅，甚至美容院等空间。室内楼梯也设计成了优美的弧线形

人物关系图

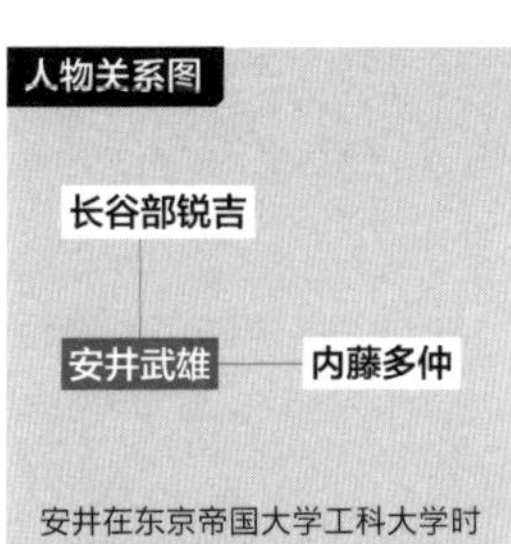

安井在东京帝国大学工科大学时期的同窗有高松政雄、内藤多仲、波江悌夫、木子七郎等人，同样成立了事务所的长谷部锐吉是安井在东京帝国大学工科大学时期的校长，那是一段建筑人才辈出的时期。

日本桥野村大厦竣工：1930 年｜所在地：东京都中央区日本桥 1-9-1
大阪瓦斯大厦竣工：1933 年｜所在地：大阪府大阪市中央区平野町 4-1-2

中村顺平

留下大量的绘画和室内设计作品

热衷于教育事业，开设了建筑补习班

中村热衷于教育事业，除了在横滨高等工业学校任教之外，还开设了专门学习建筑的中村补习班，授课时间从晚上 9 点到 12 点，培养出了很多学生。添田贤朗回忆起中村说："他认为建筑是日本传统文化的一部分，而教育是复兴国家传统文化最有效的方式，因此他义无反顾地投身于教育事业中。"

中村在名古屋高等工业学校就读时，曾跟随铃木祯次和野口孙市学习，后来成为曾弥中条建筑事务所的中心人物，活跃于大正到昭和时代。

他在大正时代曾留学法国，就读于巴黎国立高等美术学院，据说中村入学考试的成绩在 194 位外国人当中名列前茅（设计实践第一名，理论第二名），并在毕业后成为第一位获得法国政府公认建筑师资格的日本人。返日后，在新成立的横滨高等工业学校建筑科（现横滨国立大学工学部建筑学科）担任主任教授。

擅长室内设计的建筑师

中村的设计能力突出，尤其擅长室内设计。

中村负责设计三菱第四任总裁岩崎小弥太宅邸中的餐厅和吸烟室。据说岩崎对中村的工作十分满意，委任他负责三菱造船所建造的客船的内部装修工作，从昭和二年（1927）至昭和十五年（1940）间，中村参与了 26 艘客船的内部设计工作

内部（岩崎小弥太宅邸餐厅和吸烟室）

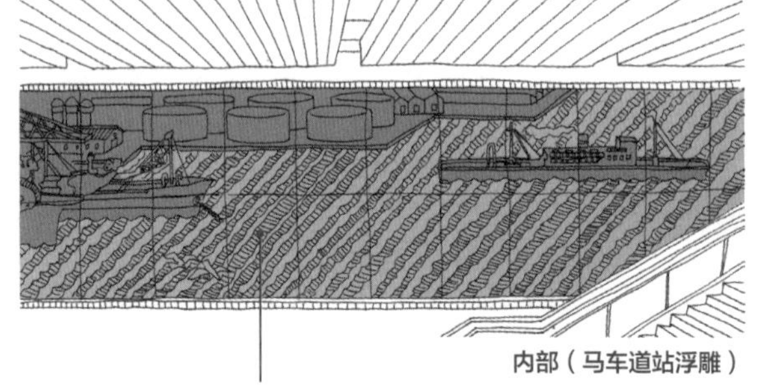

内部（马车道站浮雕）

现存于马车道站的墙面浮雕也是中村设计的。浮雕长 45 m，宽 4 m，原先曾位于旧横滨银行总部一楼，后迁于此地。浮雕以“横滨的文化和城市发展史”为主题，描绘了钢铁和造船工业、日本湘南地区的农业等场景

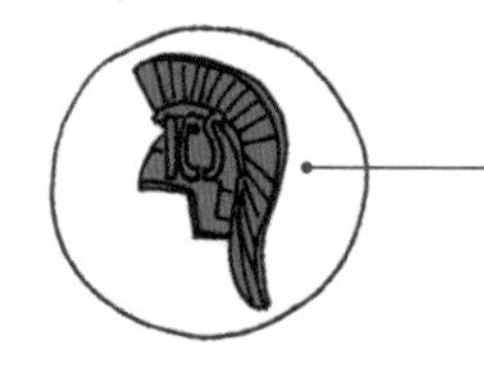

中村曾在昭和三十九年（1964）至昭和四十七年（1972）年间在室内设计学校（现 ICS 艺术学院）担任特别讲师，并设计了学校的徽章

ICS 艺术学校徽章

城堡和装饰艺术的合演：Cliff Side 多功能厅

Cliff Side 多功能厅于昭和二十八年（1953）作为舞厅开业，是木造的二层建筑。舞厅一侧的底层原本没有设计遮挡物，后来在改建过程中增建了现在镶嵌着窗户的光滑墙壁。

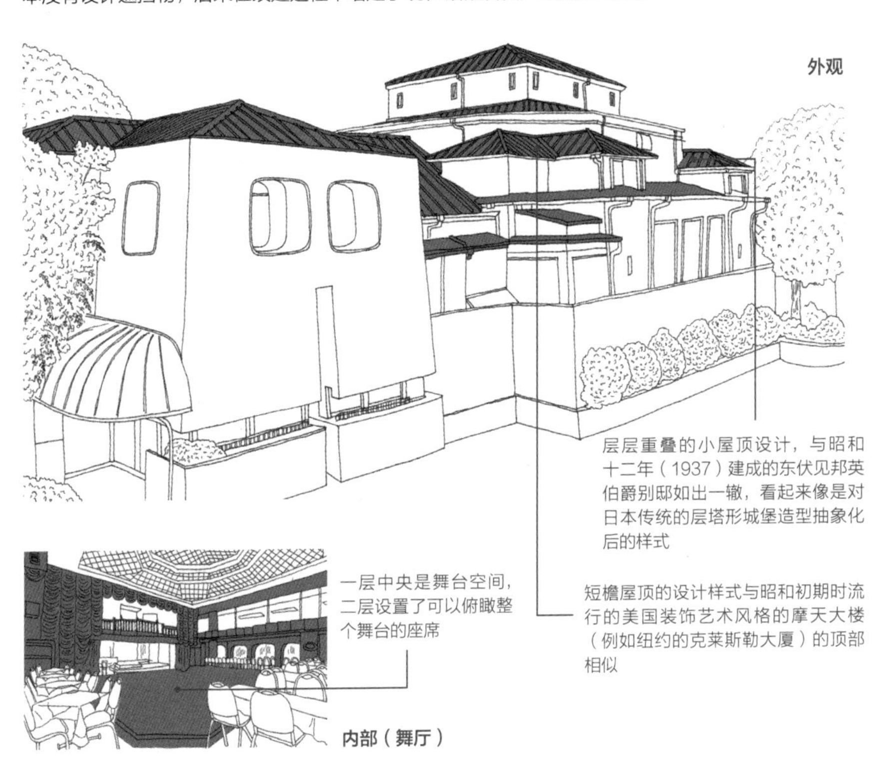

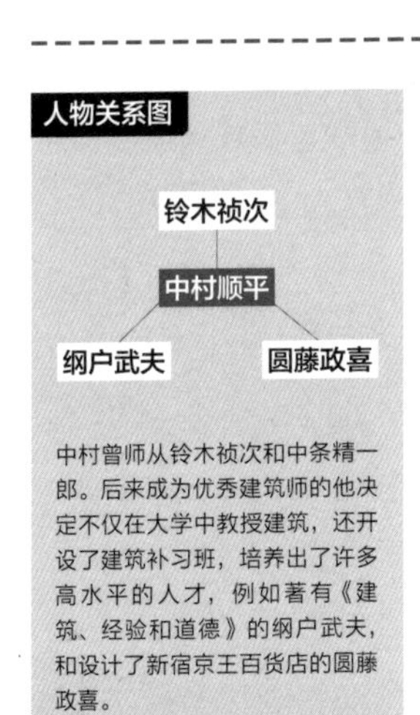

人物关系图

铃木祯次
中村顺平
纲户武夫　圆藤政喜

中村曾师从铃木祯次和中条精一郎。后来成为优秀建筑师的他决定不仅在大学中教授建筑，还开设了建筑补习班，培养出了许多高水平的人才，例如著有《建筑、经验和道德》的纲户武夫，和设计了新宿京王百货店的圆藤政喜。

1887 年　8 月 29 日出生于大阪市西区
1907 年　名古屋高等工业学校建筑学科入学，暑假跟随野口孙市实习
1910 年　名古屋高等工业学校建筑学科毕业，毕业设计为“京都嵯峨野的某住宅”，入职曾弥中条建筑事务所
1920 年　赴法国留学，入职格罗建筑事务所
1921 年　巴黎国立高等美术学院入学
1923 年　巴黎国立高等美术学院毕业，获法国政府公认建筑师资格，返日
1924 年　著《如何做好东京的城市规划》
1925 年　横滨高等工业学校建筑科（现横滨国立大学工学部建筑学科）成立，任主任教授，在东京开设中村补习班
1946 年　从横滨高等工业学校离职，兼任讲师，设计东京站 RTO 候车室墙面雕刻
1960 年　设计横滨银行总行营业厅墙面雕刻（后移至马车道站）
1964 年　任室内设计学校（现 ICS 艺术学院）特别讲师（至 1972 年）
1977 年　5 月 24 日逝世

马车道站的浮雕竣工：1960 年｜所在地：神奈川县横滨市中区本町 5 –49
Cliff Side 多功能厅竣工：1946 年｜所在地：神奈川县横滨市中区元町 2 –114

1

明治时代

木子七郎

出身于木匠世家，善用丰富多彩的样式

在大阪和爱媛留下许多作品

也许因为在大阪开设了事务所，木子在大阪的作品数量最多，另外在爱媛县也留下了 13 件作品，是爱媛广为人知的建筑师。木子还负责设计了多所与日本红十字会相关的设施，被多次授予国内外奖章。

木子家族是世世代代参与皇家御所建造的木匠世家，木子七郎的父亲是曾任职于宫内省内匠寮的木子清敬。

木子七郎的设计风格多变，例如他设计的于大正十一年（1922）建成的万翠庄是法国文艺复兴样式，大正十三年（1924）建成的石崎汽船株式会社总部是分离派样式，昭和四年（1929）建成的键谷颂功堂是传统日式样式，他的设计风格可以说是涵盖了多种时代流行样式的自由灵活的设计风格。

精美的八角亭：键谷颂功堂

键谷颂功堂是一座钢筋混凝土结构的单层建筑，屋顶是攒尖顶瓦葺的纪念设施。键谷是伊予絣（一种爱媛县产的碎白点花纹织布）的创始人，深受爱媛县民众的爱戴。顺便提一下，伊予絣原来的名称是“今出鹿褶”，明治十年（1877）左右为了向全国推广普及将其命名为“伊予絣”。

外观

1884 年	出生于东京
1911 年	东京帝国大学工科大学建筑学科毕业后，入职大林组，前往大阪工作
1912 年	任新田带革制造所建筑顾问
1913 年	从大林组离职，在大阪成立木子七郎设计事务所
1921 年	赴中国、印度、欧洲等地考察
1923 年	在东京开设设计事务所
1926 年	受日本红十字会大阪支部委托，设计支部医院
1929 年	设计爱媛县官厅
1936 年	被法国政府授予法国荣誉军团勋章
1938 年	被德国政府授予红十字勋章
1940 年	任财团法人关西日法学馆（促进法国和日本文化交流的组织机构）评议员
1944 年	被授予蓝绶褒章
1945 年	移居至热海市
1955 年	8 月逝世

圆屋顶的爱媛县厅

爱媛县厅是钢筋混凝土结构的四层建筑，是日本唯一的圆顶式官厅建筑，由爱媛县临时建筑部委任木子七郎和内藤多仲负责设计。不过现在留存的资料中的设计大多是由木子完成的，内藤负责的部分已无从考证。

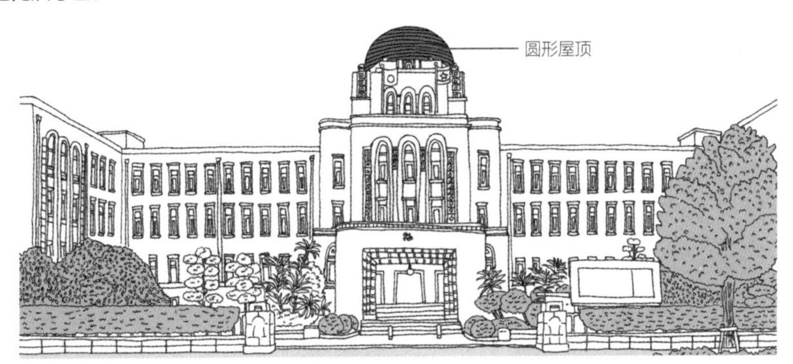

外观

同时期于昭和八年（1933）建成的名古屋市厅舍（政府办公楼）是有着传统日式屋顶的日西合璧样式的建筑。木子采用圆顶的设计，也许是为了与松山城天守阁的屋顶产生对比吧

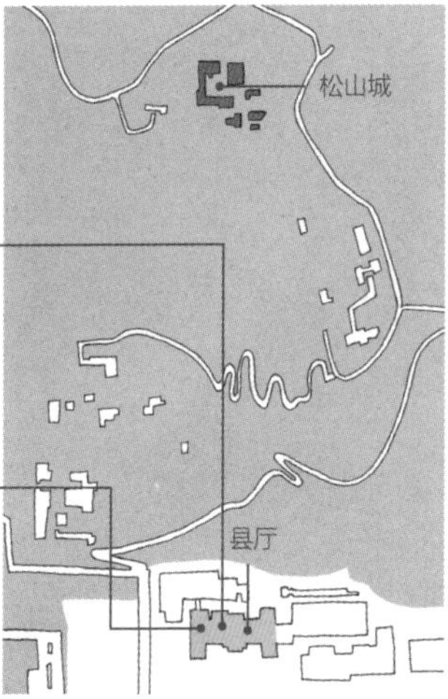

爱媛县厅是日本官厅建筑中现存的唯一一座采用“H”形平面的历史建筑。有记载的采用“H”形平面的案例屈指可数，另一座是木子设计的新潟县厅，但已于昭和七年（1932）拆除

松山城

县厅

平面布局（县厅与松山城）

人物关系图

木子七郎 — 内藤多仲

新田克

木子和内藤多仲是同学，他协助内藤设计了内藤多仲自己的宅邸。木子的妻子新田克是新田带革制造所创始人的女儿，木子因此参与了许多与新田家族有关的项目。

外观（门廊）

正面中央的门廊采用堆叠的科林斯式柱头（莨力花纹）装饰

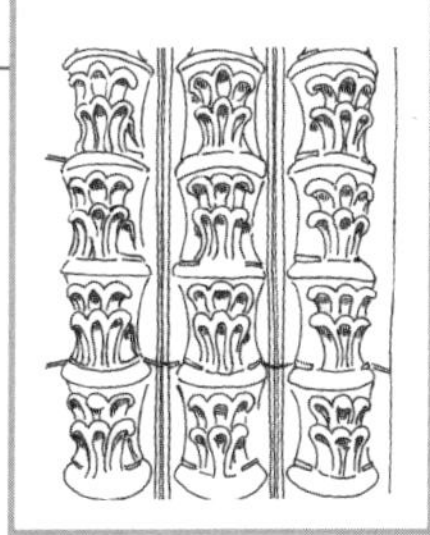

键谷颂功堂竣工：1929 年｜所在地：爱媛县松山市西垣生町 1250
爱媛县厅竣工：1929 年｜所在地：爱媛县松山市一番町 4-4-2

渡边仁 从历史样式到现代主义自由变化样式的大师

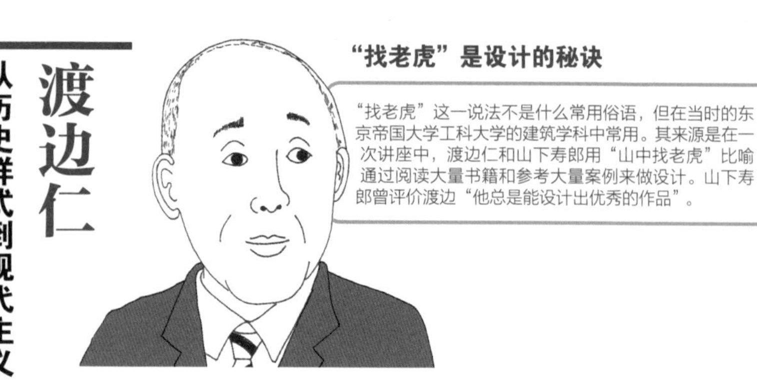

渡边不是一个拥有大量作品的建筑师，他很少出现在报纸或杂志上，但他设计的作品都很有名气，例如横滨的新格兰酒店、银座和光百货、热海的旧日向家别邸（与布鲁诺·陶特合作）的地下室等，都成了现在的热门景点。

渡边毕业的时候，正是现代主义的浪潮开始涌动的时期，或许正因为如此，比起古典风格的样式，渡边更喜欢将细节简化、抽象化的现代设计样式。

充满趣味的原美术馆

原美术馆是钢筋混凝土结构的二层（部分三层）建筑，原本是作为昭和时代有名的实业家原邦造的住宅建设的。

外观

1887 年	2 月 16 日出生于东京（父亲是曾任东京帝国大学工科大学校长的渡边渡）
1909 年	东京帝国大学工科大学建筑学科入学
1912 年	东京帝国大学工科大学建筑学科毕业后，入职铁道院
1917 年	任递信省大臣官房经理科工程师
1920 年	从递信省辞职后，开设渡边仁建筑事务所
1926 年	赴英、德、法、意、美等国考察
1929 年	从德国留学返日，与久米权九郎一起将事务所变更为渡边久米建筑事务所
1931 年	获东京帝室博物馆设计竞赛一等奖
1945 年	与北泽五郎一起创办三井土建综合研究所，任建筑部长
1948 年	关闭三井土建综合研究所，开设协同建筑研究所
1953 年	关闭协同建筑研究所，开设渡边高木建筑事务所
1973 年	9 月 5 日逝世

相关人物
吉田铁郎▼78页

纪念性的象征：东京国立博物馆

东京国立博物馆是一座钢架钢筋混凝土结构的日西合璧样式的二层建筑，主体外观是西式建筑风格，屋顶是日本传统的瓦片屋顶，被称为“帝冠样式”。作为国家级设施，这座博物馆具有很高的纪念性意义，方案征集时的要求是“基于日本美学理念的东洋风格建筑”。

渡边的方案获得了一等奖，但后来建设时有关部门对方案进行了一些修改，例如屋顶的翘曲就被认为是修改过后的样式

虽然这个作品受到了现代主义一代的批评，但实际上这一作品推动了现代主义建筑在日本的确立

外观

内部楼梯上方的天花板由小组格构成，距离地面非常高，边缘用雕刻装饰，种种元素组合出了壮观的巴洛克式楼梯

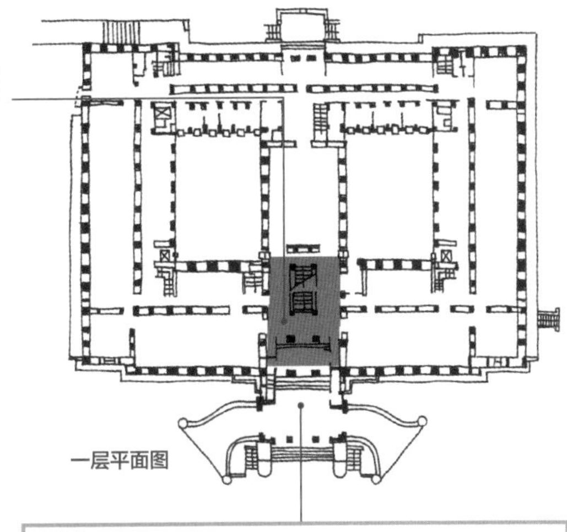

一层平面图

人物关系图

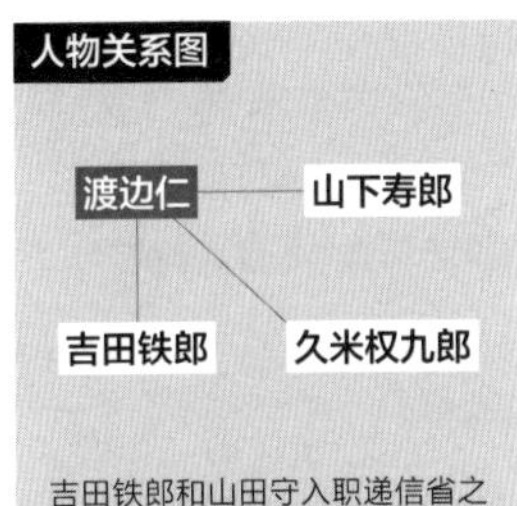

吉田铁郎和山田守入职递信省之前，渡边在递信省负责设计了分离派风格的日本桥电话局，从这一点来看，渡边在递信省扬起了现代主义的旗帜。山下寿郎、竹腰健造等人是渡边在东京帝国大学工科大学的同学。久米设计的创始人久米权九郎是渡边的学生。

内部空间的亮点之一是在入口处设计了两层高的中庭，宏伟华丽。平面方案在竞赛前就已经确定，所以当时的竞赛只需要对外观进行设计

原美术馆（旧原邦造宅邸）竣工：1938 年｜所在地：东京都品川区北品川 4-7-25
东京国立博物馆（旧东京帝室博物馆）竣工：1937 年｜所在地：东京都台东区上野公园 13-9

1 德永庸

出色的建筑制图教授

明治时代

开朗的九州男儿

今井兼次回忆说："德永有丰富的实践经验，因此善于指导学生绘制图纸，学生们也都十分尊敬他。"在德永事务所工作的江川伊作等人也提到德永对于图纸细节的严格把控。此外，还称他的性格温和，与人交往时总是微笑着倾听人们的意见，不轻易打断和反驳他人。

德永庸曾在辰野事务所工作过，也作为佐藤功一的得力助手之一为事务所的创建做出贡献并担任主任一职。虽然在建筑史上并未受到太多关注，但他一生中参与过近270件建筑作品的设计工作，这些建筑多位于他的家乡九州地区。

他还曾任早稻田大学和关东学院大学等多所学校的教授，充分利用自己丰富的实际工作经验，对学生的制图进行细致地指导。

兼具展览与阅览功能的复合建筑：征古馆

这是一座钢筋混凝土结构的二层建筑，主要用作收藏和展示佐贺藩和锅岛家族的历史资料，同时也作图书馆使用，是佐贺县最早的复合功能的展示设施之一。

入口处由带有收分曲线的多立克列柱、多立克式三陇板（也叫三角槽排档）和陇间壁（也叫排挡间饰）构成檐壁，又称腰线（由雕刻的石块组成的横饰带）

外观

1887 年　12 月 28 日出生于福冈县青柳村（现古贺市）
1907 年　入职辰野葛西建筑事务所（至 1908 年）
1908 年　福冈县立福冈工业学校建筑科毕业
1909 年　早稻田大学高等预科理工科毕业
1913 年　早稻田大学理工科建筑学科毕业，同年入职辰野片冈建筑事务所（至 1917 年）
1917 年　任早稻田大学理工科建筑学科助教，后任教授（至 1944 年）
1919 年　佐藤功一建筑事务所成立，任主任（至 1927 年）
1927 年　成立德永建筑设计事务所
1929 年　任武藏高等工业专门学校（现东京都市大学）教授（至 1940 年）
1932 年　作为早稻田大学海外研究生赴欧美留学
1949 年　任关东学院大学教授（至 1951 年）
1965 年　3 月 20 日逝世

充满德永特色的福冈银行门司支行

这是一座钢筋混凝土结构的三层建筑，以福冈银行门司港分行的名称收录在德永的作品目录中。

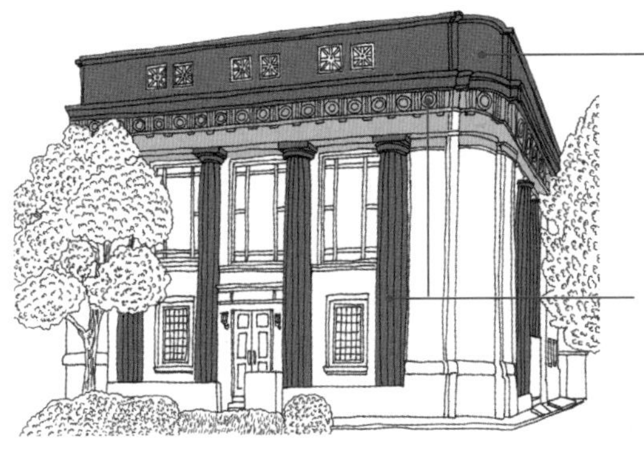

转角处的设计与已建成的大牟田分行和久留米分行的一致

德永的设计特征之一是偏好古典样式，多立克式圆柱、三陇板和陇间壁等都是他常用的设计元素。另外，陇间壁上的雕刻与昭和二十五年（1950）竣工的福冈银行大阪支行和小仓支行上的一致

外观

德永在九州设计了很多座银行建筑，例如昭和二十七年（1952）建成的福冈银行长崎支行，昭和二十八年（1953）建成的九州相互银行福冈支行等

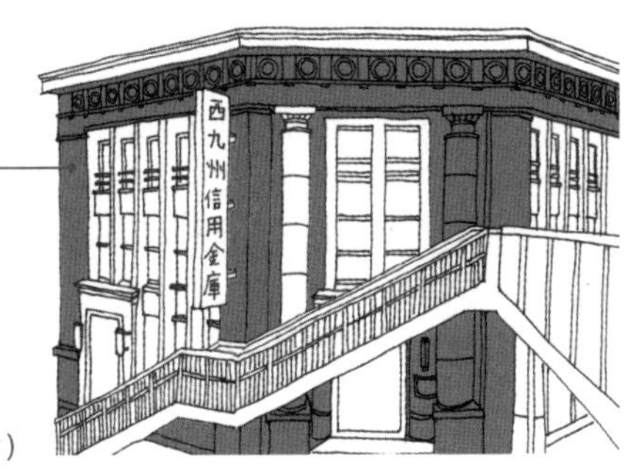

外观（福冈银行长崎支行）

人物关系图

德永庸

村野藤吾

帮助村野藤吾下定决心走上建筑之路的是德永，当时正考虑从早稻田大学的电气科转到建筑科的村野在建筑科名册中看到了同乡德永庸的名字，便写信向他咨询成为建筑师的条件和素质，德永给他回复“会数学，并对文学感兴趣”。村野回忆道：“那时虽然我不认为自己一定满足这样的条件，但觉得至少没有欠缺，所以决定走上学习建筑的道路。”

全国农业协同组合联合福冈支所

旧福冈银行大里支行

征古馆竣工：1927 年｜所在地：佐贺县佐贺市松原 2-5-22
福冈银行门司支行竣工：1950 年｜所在地：福冈县北九州市门司区港町 2-21

专栏

西洋建筑师

谈到日本近代建筑史，就不得不提到西洋建筑师在日本所进行的相关活动。他们可以被分为以下几类：首先是在辰野金吾等日本建筑师出现之前，一些在日本从事建筑相关工作的被称作“御雇外国人”的建筑师。他们受邀赴日进行海外建筑技术和风格的普及教育。如汤马士·华达士（1864 年前后来到日本的土木工程师）、朱尔斯·列斯卡斯（1870 年来到日本的土木建筑工程师）、波昂维尔（1872 年来到日本的测量工程师）、乔凡尼·卡佩莱蒂（1876 年来到日本的建筑学老师）、理查德·布里坚斯（1864 年来到日本的建筑设计从业者）、亨利·布兰顿（1868 年来到日本的灯塔工程师）等人。这些人虽然被称为建筑师，但是他们带有更强的工程师的色彩。

旧广岛县物产陈列馆（原爆圆顶馆）

1915 年，扬·烈茨尔设计

原爆圆顶馆是由从西洋建筑师事务所独立的西洋建筑师所设计的建筑

旧札幌农学校演武场（钟楼）

1878 年，威廉·惠勒设计

北海道地区的建筑受到了美国东部地区的影响

真正从事建筑设计工作的建筑师以培养出众多日本建筑师的乔赛亚·康德尔（1877 年来到日本）为代表，如果没有他的话日本的建筑之路可能会有很大的不同。“御雇外国人”中也有类似威廉·惠勒（1876 年来到日本的土木工程师）这样的，因担任北海道开拓使的缘故，将美国东部地区的建筑样式普及至当地的建筑师。

开设私人设计事务所的建筑师有安德和伯克曼事务所（1887 年来到日本），作为该事务所代理人来到日本的理查德·希尔（1888 年来到日本），加入理查德·塞尔事务所的格乔治·德·拉朗德（1903 年来到日本），来到格乔治·德·拉朗德事务所的简·勒泽尔（1907 年来到日本），以及在 1908 年开始进行设计的梅瑞尔·沃里斯·希托沙亚纳奇等人。

从明治时代的后期到大正时代，随着钢筋混凝土结构和钢架结构的引入，纽约的富勒公司（丸之内大厦的施工方）等外国企业开始在日本活跃起来。同时从事日本的建筑设计工作的西洋建筑师也开始频繁来到日本。如赖特（1917 年出于帝国饭店设计的缘故来到日本）及与他一起来到日本的安东尼·雷蒙德（1919 年来到日本），作为富勒公司的建筑师来到日本的麦克斯·希德（1924 年来到日本）、布鲁诺·陶特（1933 年来到日本）等。

2

大正时代

大正时代是远藤于莵和妻木赖黄等人将混凝土和钢筋作为主要结构材料并推广普及的时代，正是因为这些结构材料的出现，使得大跨度空间和大体量建筑得以实现。并且，三井租赁办公楼（横河民辅）和东京海上大厦（曾弥中条事务所）等办公建筑也在这一时期出世。另外，也是在这个时代，受到岩元禄启发的山田守和堀口舍巳等年轻一代建筑师创造出了日本现代主义建筑。虽然大正时代不过短短十数年，但却是开启日本现代建筑先河的时代。

2 大正时代

中村镇

通过钢筋混凝土砌块结构表现设计

从合理性的角度出发考虑设计

中村撰写了题为“源于科学的艺术”的论文，在这篇论文中他指出，建筑与绘画和文学不同，它需要满足实用性和功能性，因此建筑具有独特的震撼力。同时，从以分离派为代表的大正时代的表现主义倾向来看，中村的钢筋混凝土砌块不仅具有实用性，同时也是一种设计的表现方法。

谈到中村，就不得不提到广为人知的中村式钢筋混凝土砌块，简称“镇式砌块”。中村在明治四十一年（1908）从福冈市的私立中学毕业后，来到中国台湾工作，设计了台北自来水源地的钢筋混凝土仓库等建筑，并担任现场监理，之后进入早稻田大学就读。

或许是因为曾在三井物产横滨分公司的建设现场接触到了当时先进的钢筋混凝土结构，使得中村对钢筋混凝土构造产生了浓厚兴趣。

镇式砌块的代表作：福冈警固教堂

从大正九年（1920）到昭和八年（1933）间，中村设计了119座镇式砌块构造的建筑，福冈警固教会就是其中之一。

外观

镇式砌块

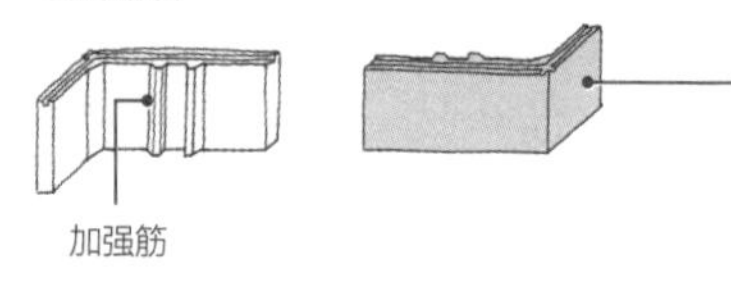

镇式砌块是一种内侧带有加强筋的“L”形特殊砌块

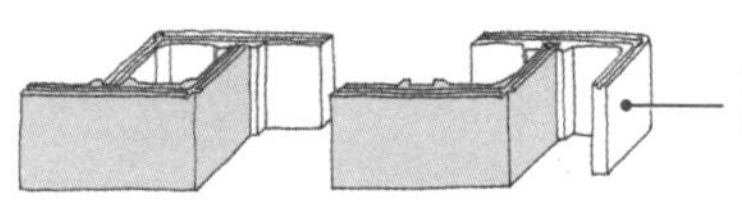

通过组合“L”形砌块来改变结构形状

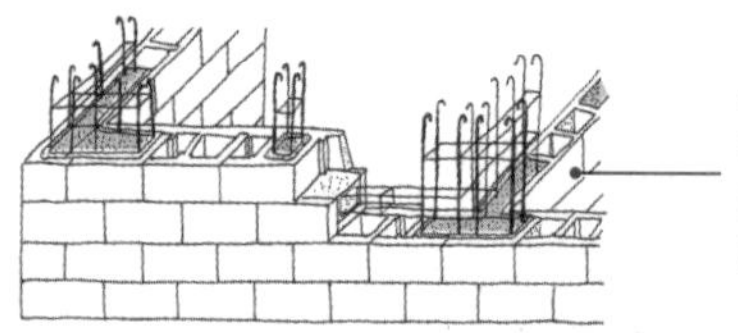

镇式砌块与一般的混凝土砌块不同，它是在中空砌块的内侧通过加入钢筋并浇注混凝土而形成的结构体

简约美的日本基督教团岛之内教会

日本基督教团岛之内教会是钢筋混凝土砌块构造的三层建筑，现已成为日本登录**有形文化遗产。建**筑物的特征是入口处排列了六根高大粗壮的方柱，以及由砌块堆砌而成的立面。

虽然正面已经被粉刷过，但是从建筑物的侧面仍可以看出砌块结构的样子

由砌块构成的有棱角但无装饰的外观令人印象深刻，虽说没有进行装饰，但由薄屋檐和柱子组成的古典样式的门廊，足以感受到它经过了精心的设计。这也是能让我们感受到新时代的设计

外观

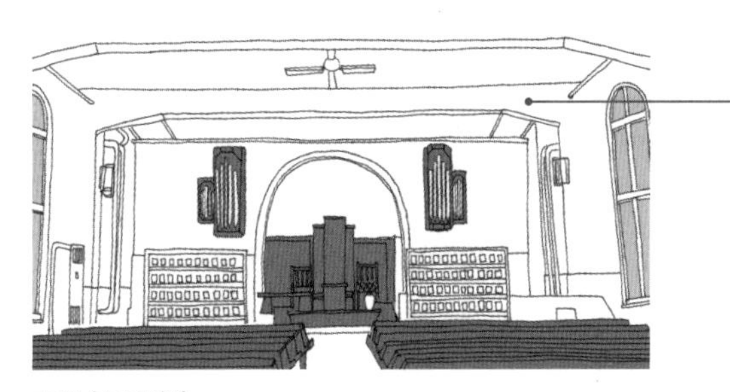

进入礼拜堂，可以看见数道梁与天花板相连，梁与柱连接的地方逐渐变宽。中村甚至在楼板等水平构件中也使用了钢筋混凝土砌块构造，其做法是通过将砌块连接成管状，在空心部分的周围布置钢筋并浇铸混凝土从而构成混凝土板，这种做法有减轻板材重量等优点，其成品与空心板（将混凝土板坯加厚，并在板坯中打出圆柱形中空孔洞的做法，具有能够在孔洞中布置线材等设备的优点）类似

内部（礼拜堂）

人物关系图

中村镇 — **野田俊彦**
本野精吾

中村与野田俊彦曾展开过争论（俊镇争论）。大正元年（1912），时为早稻田大学学生的中村在《源于科学的艺术》的论文中提出了建筑要用从内心深处涌出的创造性灵感来设计的主张。后来，时为东京帝国大学工科大学学生的野田于大正四年（1915）在建筑杂志上发表了题为“建筑非艺术论”的文章，呼吁要基于功能对建筑进行创作，并对建筑创作中是否要尊重艺术性这一论点与中村产生了争论。但本野精吾自己的宅邸中使用了镇式砌块构造。

1890 年　10 月生于福冈县糸岛郡波多江村
1914 年　早稻田大学建筑学科毕业（在校期间在佐藤功一家中做工读生）
1915 年　任陆军技术员，后于 1917 年因病辞去职务，随后担任美国屋技术员
1918 年　任东洋混凝土工业株式会社工程师（至 1919 年 9 月）
1919 年　任日本钢筋混凝土砌块株式会社员工（至 1920 年 5 月）
1920 年　在日比谷开设建筑咨询公司
1921 年　函馆市发生火灾后，前往该地区建造了数十座钢筋混凝土砌块构造的耐火建筑作为防火带，建立中村建筑研究所以推动钢筋混凝土砌块构造的发展
1926 年　成立都市美协会
1928 年　任早稻田高等工学校建筑史学讲师
1933 年　8 月 19 日逝世

福冈警固教堂竣工：1931 年｜所在地：福冈县福冈市中央区警固 2-22-20
日本基督教团岛之内教堂竣工：1928 年｜所在地：大阪府大阪市中央区东心斋桥 1-6-7

远藤新

被称为『赖特信徒』的赖特主义的继承者

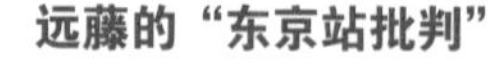

远藤的“东京站批判”

远藤曾在报纸上发表了以辰野金吾设计的东京站为案例，题为“对东京停车场的感想”的连载文章（1915 年 1 月 27 日—31 日）。文章描述了皇室的出入口被安排在了东京站的中央，而普通民众的出入口则被安排在相隔较远的左右两侧这一现象，指出这是对停车场功能的轻视，并对其进行批判。也因此远藤年轻时就被日本主流建筑界所排斥，但据他的后辈小仓强回忆，远藤的批判引发了学校建筑革新论，进而促使新的校舍设计在日本全国普及。

与自然融合的加地别邸

外观

加地别邸是一幢建造在山脚斜坡上的别墅。从大门前通道望去，别墅左前方向前突出了很大一截，与之相对，建筑右侧留有开阔的视野，可以望见广阔的天空，增强了视觉对比。

与草原等丰富的自然环境相融合的设计理念，其特征是与地面平行延伸出长长的屋檐

大正六年（1917）美国建筑师弗兰克·劳埃德·赖特为设计帝国饭店来到日本，远藤在那时拜访了他并从此成为他的学生。前往美国后，远藤同赖特一起生活并跟随他学习建筑，他可以称得上是受到赖特教导的日本建筑师中真正继承赖特设计风格的代表人物。

藤森照信曾说，远藤对赖特的仰慕程度甚至到了完全模仿赖特的个性和外表的地步，他留起长长的头发和胡须，腰上绑着日式裤带，手中拄着包有樱木皮的拐杖，如同行者一般来往于施工现场。

1889 年　6 月 1 日出生于福岛县相马郡福田村（现新地町）
1914 年　东京帝国大学工科大学建筑学科毕业
1915 年　任职于明治神宫造营局
1917 年　初次与弗兰克·劳埃德·赖特相见，师从赖特并前往美国，从事帝国酒店的设计工作
1919 年　作为赖特的首席助理参与帝国酒店的建设工作
1922 年　成立远藤新建筑创作所
1933 年　往返于中国东北和日本，并以中国长春为中心开展设计活动
1949 年　任文部省学校建筑规划协商会委员
1951 年　6 月 28 日逝世

弗兰克·劳埃德·赖特

“三枚切法”理念与自由学园明日馆讲堂

月刊杂志《妇人之友》(妇人之友社)的创始人羽仁吉一夫妇在咨询建设自由学园的项目时，远藤将赖特介绍给了他们。不久后，由赖特和远藤合作设计的自由学园明日馆讲堂明日馆于大正十年(1921)竣工。

远藤的“三枚切法”技术在保证舞台中心高度的同时，可以将天花板的高度设计得很低，还在舞台对面布置了二层空间以容纳必要的人数

内部

外观

羽仁夫妇所倡导的“外形简单，内容出色”的教育理念在讲堂中也得到了发扬。虽然建筑造型简单，但其几何学的构成及装饰使得建筑十分生动

在礼堂，远藤首次使用了“三枚切法”的设计手法。他将建筑物沿纵向分成三部分，在中间部分的长边设置垂墙，并通过横梁放置屋顶

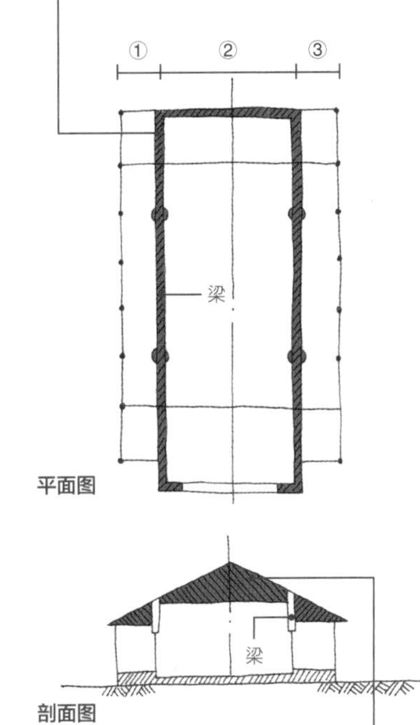

平面图

剖面图

通过垂墙上的梁及小型屋顶的组合，可以在缩小房顶架构的同时保证中央天花板的高度。另一方面，通过降低两侧天花板的高度，可以达到抑制建筑整体高度的效果

人物关系图

弗兰克·劳埃德·赖特
远藤新
远藤乐
远藤现

因为尊敬老师而一味模仿老师的话常常会变得平庸，但是远藤在模仿赖特的同时，成了独当一面的建筑师。远藤这一代建筑师正处于表现派设计在全世界盛行的年代，与分离派及后藤庆二这一代很接近，远藤照信指出将赖特式的建筑理解为表现派样式这一点是正确的。远藤新的儿子远藤乐也是建筑师，设计过妇人之友社等建筑。远藤新的孙子远藤现是如今负责设计的建筑师。

加地别邸竣工：1928 年｜所在地：神奈川县三浦郡叶山町一色 1706
自由学园明日馆讲堂竣工：1921 年｜所在地：东京都丰岛区西池袋 2-31-3

2 大正时代

高桥贞太郎

东京大学最有才华的精英建筑师

“银表组”内的超级精英

东京帝国大学建筑学科的优秀毕业生会被授予银表，这些学生被称为“银表组”，高桥是继明治三十九年（1906）冈田信一郎之后获得银表奖的又一人。直到第二次世界大战为止，银表奖作为天皇褒奖的奖章，会在天皇出席的毕业典礼上颁发给军学校、帝国大学、学习院、商船学校等各学院的优秀毕业生，可以称得上是最高荣誉之一，获奖者被称为“银表组”。帝国大学在甄选候选人时，会对学生的成绩和人品作综合考量。

高桥是东京帝国大学毕业的众建筑师中极其出色的一位，佐野利器注意到了高桥的才能并对他十分欣赏，也是因为佐野的关系，高桥曾在内务省、宫内省、复兴建筑助成会社工作过。

高桥于昭和五年（1930）在日本生命馆（现日本桥高岛屋）的建筑设计竞赛中获得一等奖，并以此为契机，离开了复兴建筑助成会社，独立开设建筑事务所。昭和九年（1934），高桥同渡边仁、村野藤吾等12位建筑师被选为东京广播会馆设计竞赛的指名提案人，成为名副其实的日本建筑师代表之一。

中世纪城堡风格的前田侯爵邸洋馆

该建筑为旧加贺藩主前田家的本宅，为钢筋混凝土构造的二层建筑，地下一层并附带塔屋。外观是存在于十五世纪末到十六世纪中期的英国都铎式风格，是一种从晚期哥特式到文艺复兴样式的过渡时期的风格。

正如文章“城堡和庭院：前田侯爵府”（《建筑世界》1930年10月刊）所描绘的那样，建筑带有一座高耸的塔楼，整体就像一座西方城堡，让人感受到垂直感和厚重感

外观

1892年　6月26日生于彦根市职人町

1916年　东京帝国大学工科大学建筑学科毕业（师从佐野利器）后入职东京泷川钢筋混凝土建筑事务所

1917年　入职内务省明治神宫营造局

1920年　辞去明治神宫营造局工程师的工作，同年在佐野的委任下前往美国纽约，协助中藤右卫门研究木制标准住房，该项目被取消后返回日本

1921年　佐野利器就任宫内省内匠寮工务科科长，高桥贞太郎任宫内省内匠寮工程师

1925年　获学士会馆建筑设计竞赛一等奖，同年在已升任帝都复兴院理事长、东京市建筑局局长的佐野利器的构想下设立的复兴建筑助成会社任首席工程师

1930年　从复兴建筑助成会社离职，在银座西七丁目的资生堂大厦开设高桥建筑事务所

1949年　因为处于战时所以离开了建筑业并在朝鲜发展事业，同年回到日本并再度开设事务所

1970年　10月1日逝世

日本首座被指定为重要文化遗产的百货店建筑：日本桥高岛屋

这是一座钢架钢筋混凝土结构的百货店建筑，地上八层，地下三层，屋顶还附有四层塔屋。高桥贞太郎在建筑设计竞赛中当选并负责实施设计，高桥设计了面向中央大道西侧约三分之一的部分。此后，村野藤吾继承了高桥的理念，并在此基础上大量汲取近代建筑设计手法，从昭和二十六年（1951）到昭和四十年（1965）对日本桥高岛屋进行了 4 次扩建，最终成就了协调融合的昭和建筑名作。

外观沿袭了西欧历史样式的构思，由三个层次构成：一层和二层构成基础层次，两层高的方形立柱排列矗立，承接檐口；三层到七层为第二层次，窗户被立柱分成了三格一组；八层为第三层次，这一层的窗户变成了半圆拱形窗

外观

入口处融合了日本建筑常用的装饰图案

最上部是垂木形房檐，这一点颇具日本特色，这大概也是高桥对于竞赛要求中提到的“保留东洋风情的现代建筑”这一主题的回答吧

人物关系图

- 佐野利器
- 高桥贞太郎
- 犬丸彻三
- 矢部金太郎

高桥的职业生涯与佐野密不可分，佐野称得上是改变高桥人生轨迹的人。同时，高桥设计过很多酒店建筑，他与东京帝国饭店（1970 年竣工的新店）的经理犬丸彻三一生交好。设计了田园调布站等建筑的矢部金太郎是高桥的学生。

内部

主电梯是由美国奥的斯电梯公司制造的，在施工时对轿厢进行了改造后投入使用

前田侯爵邸洋馆竣工：1929 年 | 所在地：东京都目黑区驹场 4-3-55
日本桥高岛屋（旧高岛屋东京店）竣工：1933 年 | 所在地：东京都中央区日本桥 2-4-1

2 大正时代

田上义也

在北方的大地发扬赖特建筑

自由建筑师的先驱

田上于大正十二年（1923）来到北海道，当时还没有专业建筑师在北海道定居，也没有什么具有创造性的建筑活动，因此在那里的田上成了自由建筑师的先驱。田上自己回忆道："当时寒冷、常年积雪的北海道处在一个与设计师没有缘分，甚至不需要设计师的时代，因此在这样的情况下想发展并不容易。"

田上义也被誉为"北海道赖特"，因为他继承了弗兰克·劳埃德·赖特的设计理念，并且活跃于北海道地区。他在大正八年（1919）与赖特相识并师从赖特学习建筑，后来，他在关东大地震后，于大正十二年（1923）移居北海道。

在昭和早期及之前，田上设计了很多受到赖特风格影响的建筑作品；后期，他开始探寻适合雪国环境的建筑。田上对老师赖特怀有强烈的感情，不过，在继承赖特风格设计的同时，他也创造出了自己独特风格的建筑。

别具一格的外观：网走市立乡土博物馆

这是一座具有有机外观的木造二层展览设施。通过田上绘制的透视图，可以感受到将屋顶与海洋和树荫融为一体的梦幻场景。这一设计被人们普遍理解为，是田上根据想象中被绿植所包围的大门的景色，进行设计的场景。

外观

1899 年　5 月 5 日出生于栃木县

1916 年　从早稻田工手学校建筑学科毕业，夜间在早稻田高等学院学习，在内藤多仲的介绍下入职递信省大臣官房经理课营缮科

1919 年　师从弗兰克·劳埃德·赖特，在帝国酒店现场事务所工作
田上和弗兰克·劳埃德·赖特相遇的契机是当时赖特在设计帝国酒店时需要一位了解建筑的年轻翻译

1923 年　前往北海道

1924 年　开设田上义也建筑制作事务所

1951 年　事务所重新开业

1957 年　任北海道建筑师学会理事

1963 年　获北海道综合开发功劳奖

1991 年　8 月 17 日逝世

支笏湖青年旅馆

赖特风格的建筑：Dolly Varden 咖啡馆

这一建筑原本位于札幌市内的其他位置，因为保护运动移建到现在的地方。建筑在平成七年（1995）夏天曾面临被拆除的问题，但在收到市民的保护要求后于平成九年（1997）九月决定保留。于是，建筑于平成十年（1998）五月被拆分，并尽可能多地保留了窗户框架等部件为后续的移建工作做准备，主体部分则通过现代技术重建。

从屋檐向外突出，以及强调水平线的外墙挂板等方面，可以看出田上受到了老师赖特的影响

外观

将赖特风格中的设计元素很好地融入了在南侧有大开窗的雪国建筑样式

虽然建筑位置及本体都已经发生了变化，但是建筑外观仍保持了田上的设计风格。田上的设计继承了赖特的风格，如几何式开窗、低坡屋顶、深远的挑檐等特征

人物关系图

弗兰克·劳埃德·赖特

内藤多仲

田上义也

田上在表兄田上耕之助（早稻田大学理工科毕业）的影响下进入早稻田大学学习，并借此机会认识了内藤多仲，跟随他学习建筑。

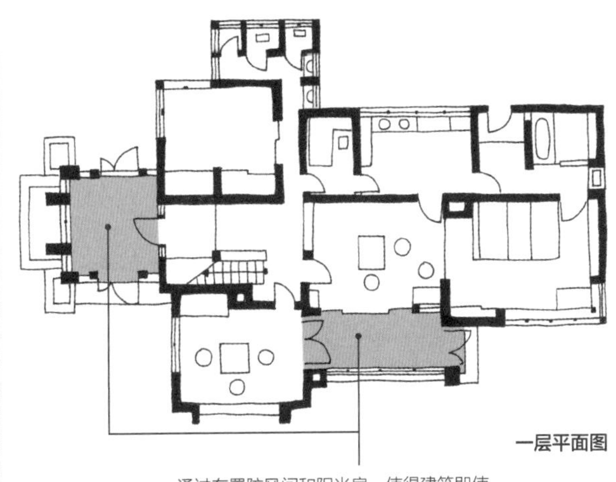

一层平面图

通过布置防风间和阳光房，使得建筑即使地处雪国也可以保持房间温暖

网走市立乡土博物馆（旧北见乡土博物馆）竣工：1936 年｜所在地：北海道网走市桂町 1-1-3
Dolly Varden 咖啡馆：1927 年｜所在地：北海道札幌市中央区伏见 5-3-1

2 大正时代

岩元禄

影响分离派建筑会的英年早逝的天才

被期待能够引领晚辈的人才

同窗八木宪一评价岩元是一个“性格善良、正直、纯净且坚强”的人，也是因为这样的性格岩元经常帮助和指导后进生。建筑史学家藤岛亥治郎回忆道，自己当初入学时受到了堀口舍己等人举办的分离派活动的洗礼，那是他第一次也是最后一次聆听岩元的“建筑设计论”，藤岛和他的同学无不陶醉在岩元大胆超前的理念中。

岩元是一位罕见的天才型建筑师，在校期间，岩元一直被同期的同学当作内心深处的追赶目标。只可惜他英年早逝，他的逝去是建筑界的一大不幸。

大正九年（1920）对于日本建筑史是一个重要的转折点，在前辈岩元和吉田铁郎的影响下，以山田守和堀口舍己为代表的东京帝国大学毕业生在这一年成立了分离派建筑会。

珍贵的作品：旧京都中央电话局西阵分局

该建筑为钢筋混凝土构造的二层（部分三层）建筑，于大正九年（1920）十月开工，并于第二年十二月竣工。建筑作为德国表现主义样式的设计在日本近代建筑史上处于很重要的地位，现已被指定为日本重要文化遗产。

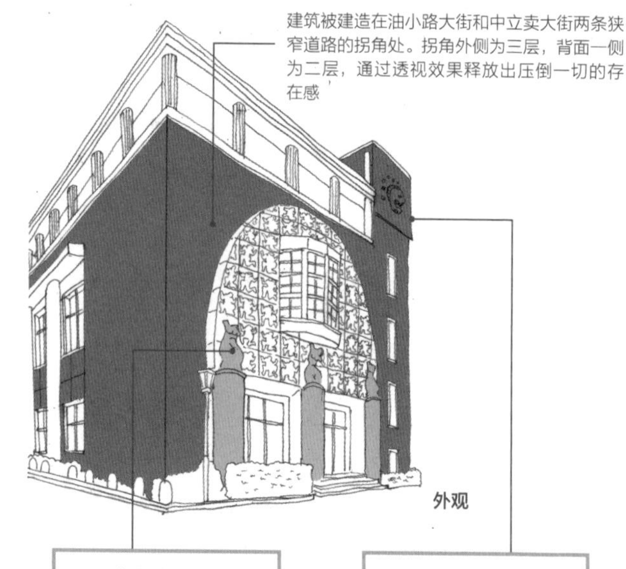

外观

正面半圆拱门里舞女形象的浮雕和柱子上方的躯干雕像孕育着新的设计表现手法

正面右侧塔楼的壁面上刻着狮子雕像，据说是出自担任现场监督的十代田三郎之手

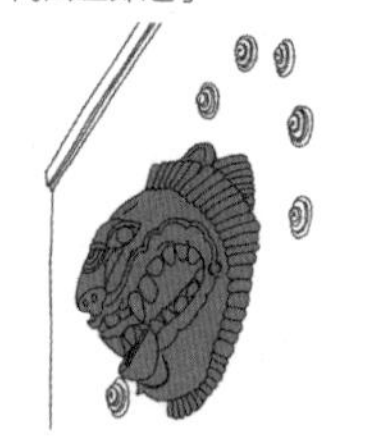

分离派早期的建筑作品

虽然建筑界常以内田祥三设计的东京大学安田讲堂［大正十四年（1925）］和山田守设计的东京中央电信局［昭和二年（1927）］等建筑作为表现派的代表作，但其实岩元早已走在了他们的前面，大正九年（1920）建成的旧京都中央电话局西阵分局就是分离派早期的代表作之一。

现代主义风格的外观，壁面光滑平坦

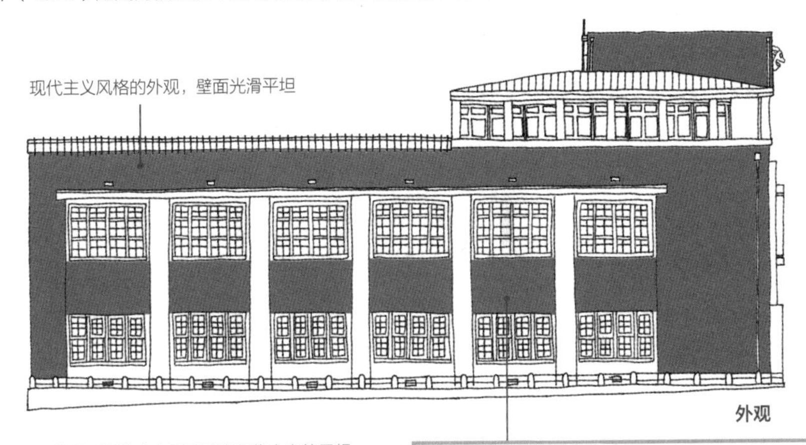

外观

侧面连续的壁柱以及正面的三根壁柱展现出欧洲古典主义风格的痕迹。立面的设计特征与东京中央电话局青山分局（现已不存在）相同

从平面设计中也可以看出现代主义的思想

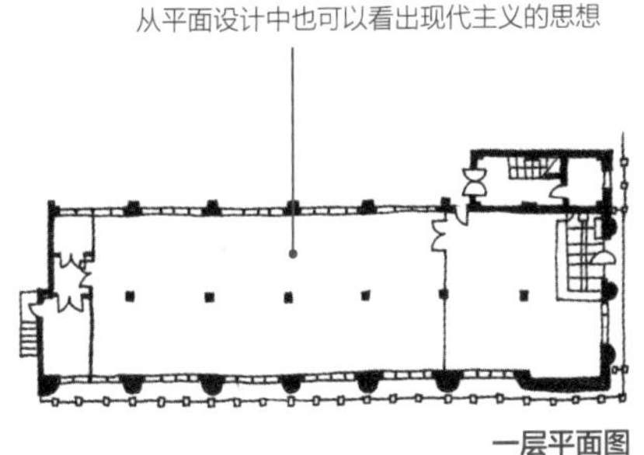

一层平面图

虽然岩元禄只留下了三件作品，但他影响了日后成立分离派的主要成员（山田守等人）。同窗八木宪一追悼道：“他还没有完全表现出自己的才华就逝世了。”虽然他只留下了少量作品，但是他的作品却预示着宏大的未来。

1893 年　生于鹿儿岛县鹿儿岛市

1918 年　东京帝国大学工科大学建筑学科毕业，同年任递信省经理科递信工程师，并作为志愿兵入伍，一年后因病退伍

1920 年　任递信省工程师

1921 年　任东京帝国大学副教授，设计京都中央电话局西阵分局

1922 年　东京中央电话局青山分局竣工（现已不存在），同年 12 月 24 日病逝

旧京都中央电话局西阵分局竣工：1921 年｜所在地：京都府京都市上京区甲斐守町

相关人物
吉田铁郎▼78页｜山田守▼82页｜堀口舍己▼84页

山口文象 在日本实现包豪斯风格的社会派人物

山口和创宇社

山口曾在递信省通过山田守的介绍加入分离派，但后来他创建了比分离派中的浪漫主义更具有社会性的组织——创宇社。创宇社的意思是“创造新建筑来填充宇宙”，虽然在建筑表现方面的主张和分离派是一样的，但因其成员多是在递信省工作的制图工匠，因此创宇社对社会有着更加强烈的责任意识。山口之后于昭和二十六年（1951）与三轮正弘、植田一丰一起成立 RIA（Research Institute of Architecture）建筑综合研究所，探索建筑设计之路。

山口文象出生于东京浅草，是清水组的工匠大师山口胜平的次子。山口于大正二年（1913）左右开始从事工匠相关的工作，大正十年（1921）加入分离派，并在其影响下于大正十二年（1923）创立创宇社。

昭和六年（1931）他远赴德国，在格罗皮乌斯的手下工作时接触到了现代主义建筑，后于昭和九年（1934）开始以建筑师的身份活动。在第二次世界大战期间，除了向世界送出功能主义和理性主义的建筑作品之外，他还着手从土木工程到日式住宅相关的项目。同时他也是 RIA 建筑综合研究所的创始人。

融入当地环境的町田市立博物馆

町田市立博物馆（旧町田市乡土资料馆）是一座钢筋混凝土构造的地上二层、地下一层的建筑。因为建在多摩丘陵的高地，所以从建筑北侧可以俯瞰到半山腰处的藤野台住宅区。

外观

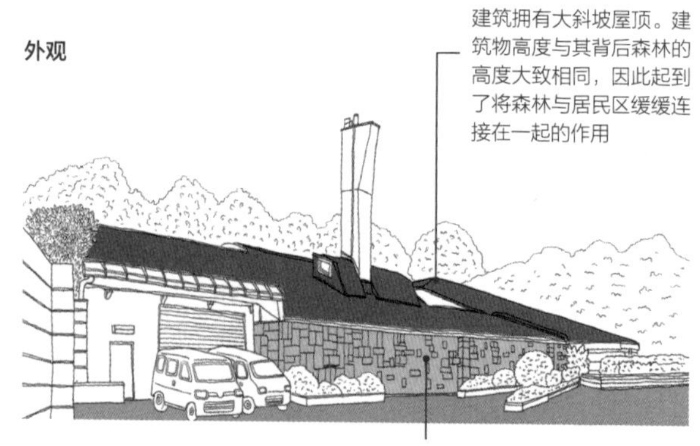

建筑拥有大斜坡屋顶。建筑物高度与其背后森林的高度大致相同，因此起到了将森林与居民区缓缓连接在一起的作用

屋顶的中央放置了一座纪念碑；面向道路的墙面用混凝土作腻并贴了一层花岗岩材质的粗糙碎石

平面图

展厅
中庭
门厅
办公室
货物入口

在门厅的左手边，柔和的光线可以从开放的庭院射入。展厅布置在中庭后侧，将门厅、办公室和货物入口都布置在道路一侧，这是一个罕见地将主入口与货物入口布置在同一侧的平面布局案例

岩元禄▼72页｜山田守▼82页

为数不多的包豪斯风格建筑：黑部川第二发电站

山口受日本电力公司的委托设计了黑部川第二发电站及其堤坝［昭和十一年（1936）］、濑户第二发电站西村堰堤［昭和十四年（1939）左右］等设施，并以事务所名义设计了箱根汤元山崎水坝［昭和十一年（1936）左右］，他是一名在水坝设计方面造诣很深的建筑师。山口曾在德国卡尔斯鲁厄理工学院土木工程系水力部门的实验室里进行了三个月水坝方面的研究。

建筑外观从广义来说是国际主义风格。二十世纪二十年代到三十年代在美国产生的建筑样式，其目标是取消装饰并采用全球通用的设计。其特征包括：彻底简化形式，拒绝装饰，以及将玻璃、钢材和混凝土作为首选材料。建筑右侧部分是放置有发电设备的三层空间，通过梁与建筑左侧部分的四层（部分五层）空间相连接。右侧立面通过突出的柱型来分割墙壁，并设置了突出的水平屋檐

外观

与白色的箱体外观形成鲜明对比的是红色的圆形铁桥。铁桥于昭和九年（1934）由日本桥梁株式会社建造

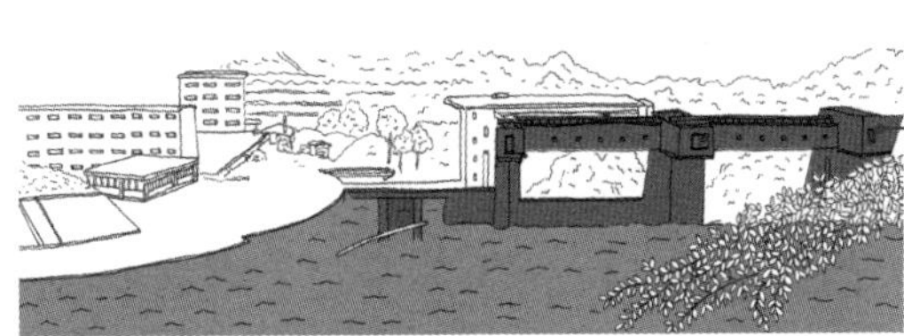

小屋平坝

在设计小屋平堰堤沉砂池的闸门时，山口说：“关键不就在于能否真实、自然地表达出结构的特性吗？”他希望混凝土结构能够与自然和谐相融

水闸上部的建筑物也采用了现代主义设计

人物关系图

瓦尔特·格罗皮乌斯
　山口文象
　　岩元禄
　　山田守

山口曾赴德国，在跟随格罗皮乌斯时接触到了现代主义建筑。山口曾与山田守、岩元禄一同在递信省工作，并在他们的介绍下加入分离派学会。

1902 年	1 月 10 日出生于东京浅草
1918 年	毕业于东京高等工业学校附属职工徒弟学校木工科木工科，因父亲山口胜平的关系，在清水组工作
1920 年	退出清水组，通过中条精一郎的斡旋于 9 月在递信省经理局营缮科担任雇员（制图工），与山田守、岩元禄相遇，加入了分离派建筑会
1922 年	任递信省工程师（至 1924 年 8 月）
1923 年	创立创宇社
1924 年	通过山田守的介绍入职内务省复兴局，在土木部桥梁科工作，兼任日本电力委托工程师
1926 年	受石本喜久治的邀请入职竹中工务店
1927 年	从竹中工务店辞职，任片冈石本建筑事务所主任工程师
1931 年	经中国东北和苏联西伯利亚赴西欧，在格罗皮乌斯的工作室工作，并在柏林高等工业学校学习（至 1932 年 7 月）
1934 年	成立山口文象建筑事务所
1947 年	参与成立新日本建筑实业团（NAU）
1951 年	与植田一丰和三轮正弘一起成立 RIA 建筑综合研究所，设计大日本制糖工厂
1959 年	任 RIA 建筑综合研究所董事长
1969 年	新建筑技术者团体成立，任干事
1978 年	5 月 19 日逝世

町田市立博物馆（旧町田市乡土资料馆）竣工：1972 年｜所在地：东京都町田市本町田 3562
黑部川第二发电站竣工：1936 年｜所在地：富山县黑部市宇奈月温泉

2 大正时代

村野藤吾

追求超越形式的建筑表现

村野建筑的三项原则※

其一，有始有终十分重要。部分工作即使是学生也可以完成，但是做到有始有终却并不容易。

其二，为了防止物件间的冲突，必须要设置心理（视觉）缓冲。例如，墙壁和地面接触的地方要营造出墙土掉落的效果，避免产生突兀的感觉。

其三，重视感受。要密切关注建筑的视觉感受、触觉感受、对材料的感受，以及对地板、墙壁和天花板等细小之处的感受。

具有里程碑意义的渡边翁纪念馆

这是为纪念宇部水泥等企业创始人渡边祐策而建造的纪念馆。入口处的曲面门廊、壁面和上檐壁面前后排列组成了一套曲面组合。通过将最里侧墙壁的上檐抬高到舞台上方，从而模糊了建筑的功能感。

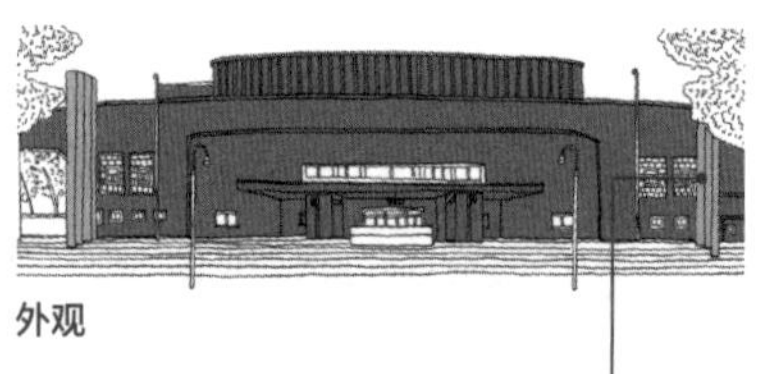

外观

主入口两侧各配置了三根混凝土立柱。这些立柱象征着为纪念渡边祐策而捐赠的冲之山煤矿公司等 6 家公司

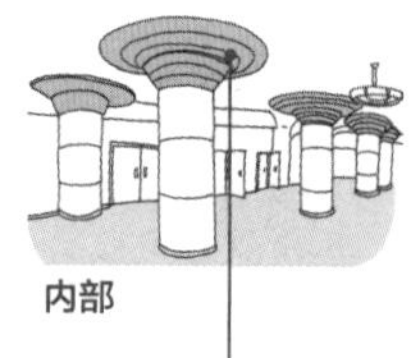

内部

立柱与天花板连接的地方逐渐变大，并将与地面连接的地方涂黑来模拟阴影，从而营造出了漂浮的效果

村野在服完兵役后进入早稻田大学建筑学科学习，在学生时代曾倾心于分离派，并在今和次郎家中举办的学习会上学到了很多东西。毕业之后跟随渡边节工作，投身于历史样式建筑的学习与设计中。

他独立之后在充分利用自己所学内容的同时，也开始进行后期表现派倾向的建筑设计活动。战后，与今井兼次等人成为对抗现代主义唯一的力量，并一直坚持进行表现派的建筑设计活动。即使九十多岁他仍继续坚持设计，创作欲望从未停止。

1891 年	5 月 15 日于佐贺县唐津市出生
1910 年	小仓工业学校机械科毕业，入职八幡制铁所，服兵役
1914 年	早稻田大学高等预科（理工科）入学
1918 年	早稻田大学理工学部建筑学科毕业，毕业论文题为“都市建筑论”，入职渡边节建筑事务所
1919 年	发表论文“样式之上”（《建筑和社会》5 至 8 月）
1930 年	成立村野建筑事务所，赴俄罗斯、欧洲、美国游览
1941 年	任日本建筑学会评议员（至 1942 年）
1949 年	成立村野·森建筑事务所
1962 年	任日本建筑家协会会长
1967 年	被授予文化勋章
1972 年	获得日本建筑学会建筑大奖（多年来出色的建筑创意设计为建筑界做出了巨大的贡献）
1973 年	早稻田大学名誉博士
1974 年	因负责迎宾馆的修建设计，获皇室赐予的带有皇室徽章的银杯，并受到了天皇及建设大臣的赞扬与感谢
1976 年	因负责常陆宫邸的设计，获皇室赐予的带有皇室徽章的木杯，获天皇赐予的银杯
1984 年	11 月 26 日逝世

※ 浦边镇太郎在与他所尊敬的村野会谈时，提出了“村野建筑三原则”，村野对此表示赞同。

用布料营造空间的八岳美术馆

八岳美术馆（原村历史民俗资料馆），是以展示雕刻家清水多嘉示的雕刻和绘画等作品为主的美术馆。展室通过反复使用预制混凝土结构的半圆形穹顶营造出了类似中世纪罗马教堂中的空间。

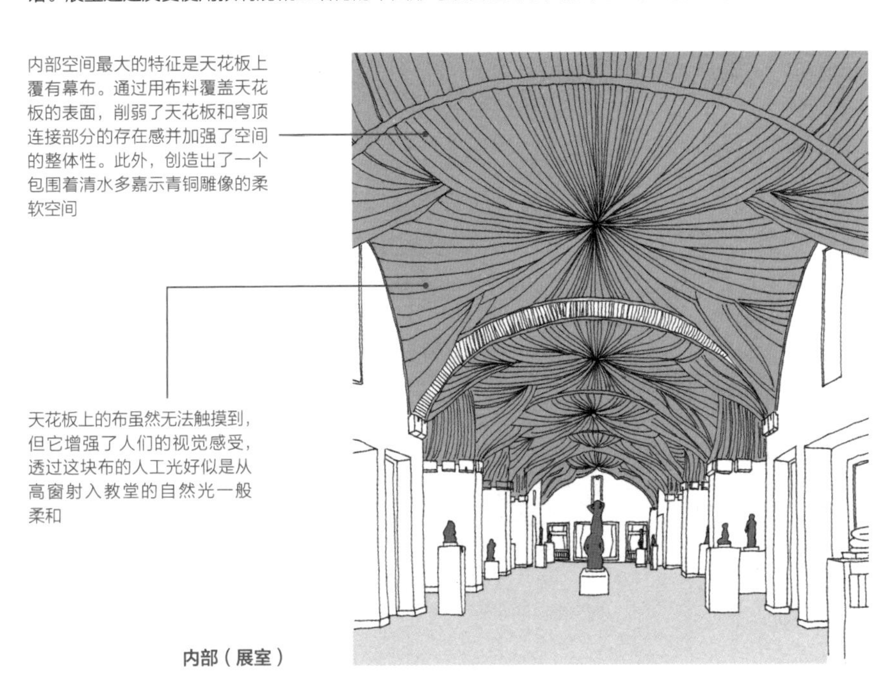

内部（展室）

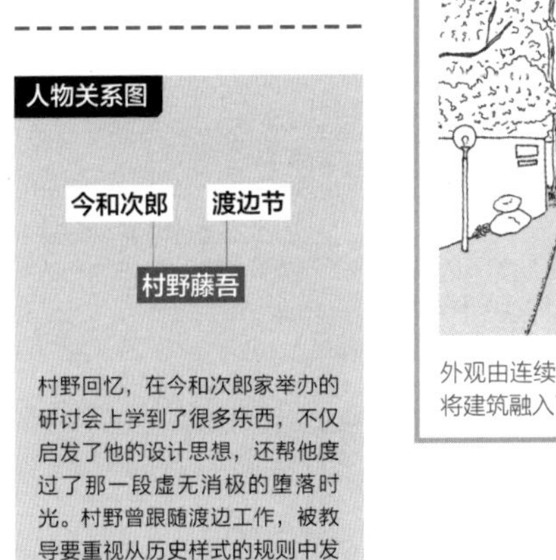

村野回忆，在今和次郎家举办的研讨会上学到了很多东西，不仅启发了他的设计思想，还帮他度过了那一段虚无消极的堕落时光。村野曾跟随渡边工作，被教导要重视从历史样式的规则中发现的东西。由此可见，渡边的教导是村野风格形成的根源。

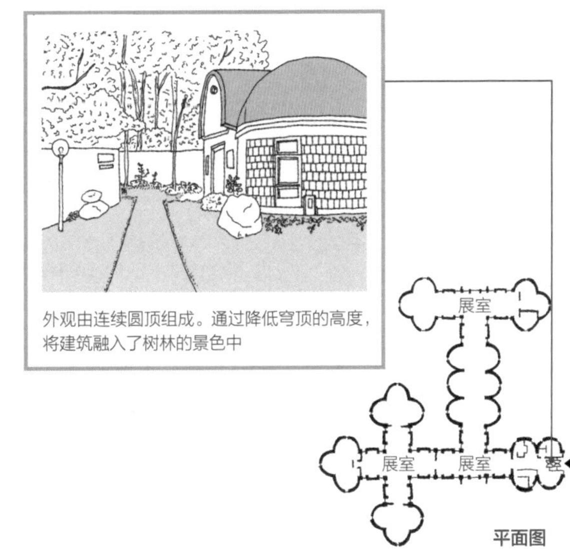

外观由连续圆顶组成。通过降低穹顶的高度，将建筑融入了树林的景色中

平面图

渡边翁纪念馆竣工：1937 年｜所在地：山口县宇部市朝日町 8-1
八岳美术馆（原村历史民俗资料馆）竣工：1980 年｜所在地：长野县诹访郡原村 17217-1611

2

大正时代

吉田铁郎

从表现主义出发，追求现代主义的传统表现

陶特与吉田铁郎

布鲁诺·陶特在日本活动期间，吉田、上野伊三郎、山田守、谷口吉郎、古茂田甲子郎、土浦龟城、藏田周忠、竹内芳太郎等建筑师都协助过陶特，其中吉田是中心人物。陶特也给予吉田很高的评价，赞叹道“东京中央邮政局是非常优秀的作品”“吉田是具有最高设计才能的建筑师”等。

吉田最开始倾向于表现主义的设计，之后他渐渐采用白色箱体的现代主义设计，慢慢地他又致力于用日本的柱和梁来创造日本本土的现代主义设计。

吉田可谓是探索使用柱和梁来表现日本建筑形式的先驱，从东京中央邮政局到大阪中央邮政局，吉田将日本的真壁造形式通过钢筋混凝土构造充分地表现出来，达到了可以与丹下健三设计的融合了比例之美的广岛和平纪念会馆相媲美的高度。

表现主义和现代主义的过渡期

旧京都中央电话局上分局是钢筋混凝土构造的三层建筑。从这座建筑可以看出吉田受到表现主义很大的影响，同时该建筑也是一座处于向现代主义过渡时期的建筑。

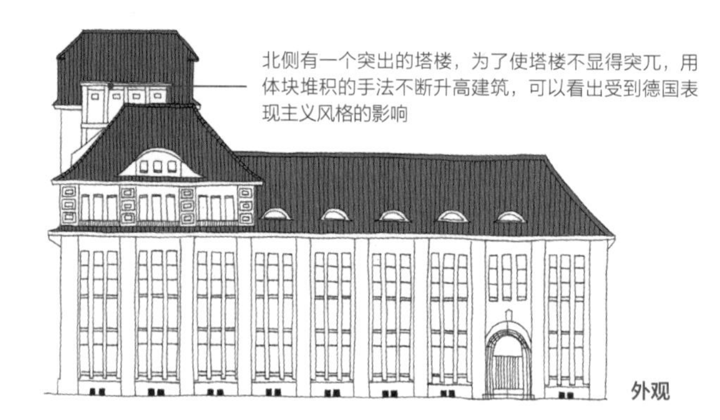

1894年　5月18日生于富山县

1915年　旧制第四高等学校毕业后参加东京帝国大学工科大学建筑学科的考试，但未通过，东京帝国大学理科大学理论物理学科入学

1916年　转至东京帝国大学工科大学建筑学科

1919年　东京帝国大学工科大学建筑学科毕业，毕业论文题为“我国未来的住宅建筑”（规定课题），同月入职递信省经理局营缮科，与吉田芳枝结婚后改姓吉田（原名为五岛铁郎）

1921年　任临时电话建设局工程师（经理局营缮科）

1924年　任递信省工程师

1931年　设计东京中央邮政局，同年赴法国、加拿大等欧美国家视察（至1932年7月）

1934年　设计大阪中央邮政局

1943年　任通信院工程师

1944年　从递信省退休，返回富山

1946年　任日本大学教授（至1950年）

1952年　译作布鲁诺·陶特所著的《建筑和艺术》出版

1956年　9月8日逝世

※ 东京中央邮政局在1999年被Docomo（日本一家电信公司）选为“Docomo20佳优秀建筑”。在2007年的保护运动中，建筑的一部分外壁被保存下来，后经历重建，在2013年作为购物中心开业。虽然大阪中央邮政局也提交了保护请求，但最终仍被拆除。

东京和大阪两所中央邮政局建筑的比较

东京中央邮政局是地上五层，地下一层的钢筋混凝土构造建筑，于昭和六年（1931）竣工。大阪中央邮政局也是钢筋混凝土构造建筑，地上六层，地下一层，于昭和十四年（1939）竣工※。虽然这两栋建筑均出自吉田之手，但它们的外观却各不相同，从中可以体现出八年来吉田设计的变化。

外观（东京中央邮政局）

开窗整体看起来是连续的并且是相同的大小，但细看可以发现随着楼层的上升，开窗的高度逐渐降低。因此从下往上看的时候会产生强烈透视的效果，营造一种高度更高的感觉

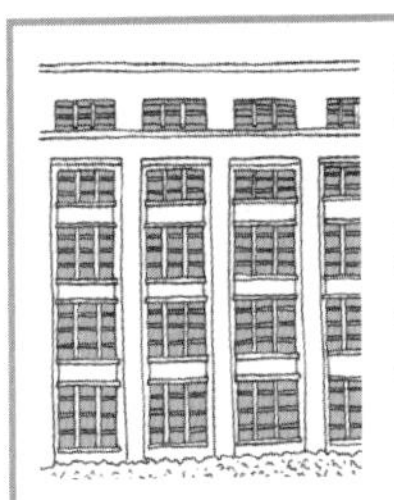

壁面是白色的。立面被屋檐分为两个层次，下层是四层及以下部分，上层是五层。下层整体看起来像是一个由柱和梁组成的框架结构，窗户整齐地排列在其中

外观（大阪中央邮政局）

大阪中央邮政局的外墙是深灰色的，并采用连续的列柱来分割壁面

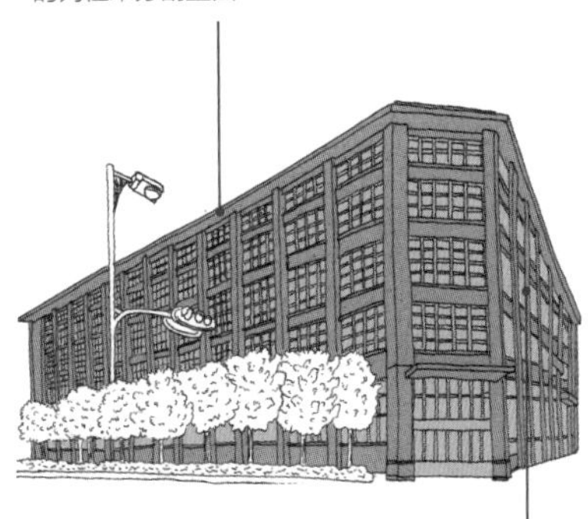

五层高的列柱直通最上面的屋檐，并且为了强调这种感觉，柱面略微突出壁面。此外，大阪中央邮政局没有像东京中央邮政局那样在屋檐上加设楼层

人物关系图

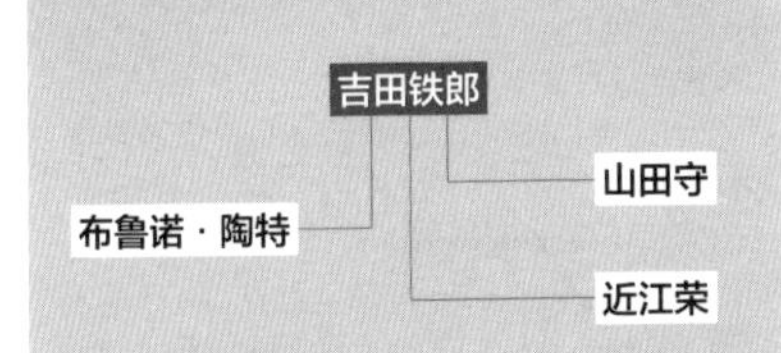

从吉田与陶特的关系及与山田守等分离派代表人物的联系来看，表现主义样式在日本建筑史上占有一席之地。建筑史学家近江荣是吉田的学生，是一位对建筑史有深远影响的人。近江从日本大学毕业后，住在吉田家附近，在吉田生病的时候，通过吉田的口述协助他完成了《日式花园》这一德语著作。

平面图（大阪中央邮政局）

东京中央邮政局的拐角是曲形的，而大阪中央邮政局的拐角采用了倒角形状

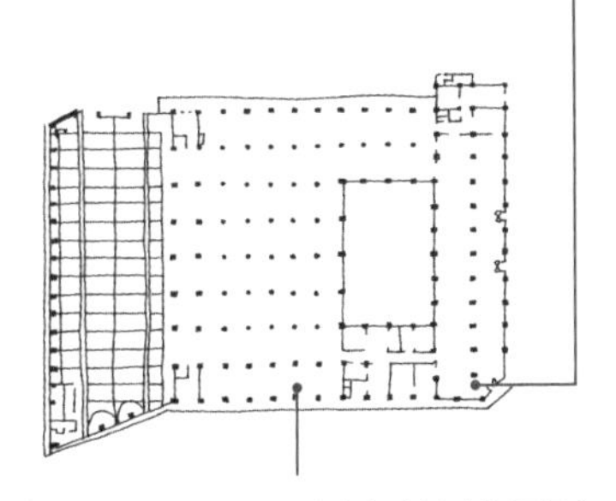

东京中央邮政局作为现代主义建筑杰作而闻名，但历史主义样式及表现主义的设计在建筑中依稀可见。而大阪中央邮政局更直接地展示了柱和梁的构成，因此被认为是更具现代主义样式的作品

旧京都中央电话局上分局竣工：1923年｜所在地：京都府京都市上京区中筋通丸太町下驹之町561-1
东京中央邮政局竣工：1931年｜所在地：东京都千代田区丸之内2-7-2
大阪中央邮政局竣工：1939年｜现已不存

今井兼次

立志于设计『人文主义』建筑的指导者

因材施教的老师

今井兼次于大正八年（1919）从早稻田大学毕业后开始在母校担任助教，后来一直从事建筑教育事业，直到昭和四十年（1965）成为早稻田大学名誉教授。川登添说："教授中，能融入学生之中并和学生打成一片的只有今井兼次一人。"他并不是以长辈的角色教育学生，而是站在学生的立场，以学生的视角给予指导。

今井从大正末期到昭和初期一直为杂志撰稿，介绍了德国表现派等欧美最新建筑动向，并介绍了勒·柯布西耶、埃罗·沙里宁等建筑大师，他也是向日本介绍高迪和鲁道夫·施泰纳等建筑师的第一人。

特别是关于高迪的建筑风格，今井花费了半生的时间来研究。今井的建筑作品也是在参考了这些建筑师的风格的基础上，创作出来的独立风格的作品。正如《建筑与人性》这本书所描述的那样，今井的设计蕴含了凌驾于理性主义之上的人文主义。

活用有机造型的大隈重信纪念馆

该建筑位于大隈重信的出生地佐贺县佐贺市，是作为大隈重信故居（日本国家指定历史遗迹）的附属设施建设的，是一座钢筋混凝土构造的二层建筑。纪念馆是为了纪念大隈重信 125 周年诞辰所建的纪念碑式的建筑，竣工后第二年被捐赠给了佐贺市。

这座建筑仿佛是从大地中生长出来的一样，中央一对粗柱和四角及阳台的柱子的设计仿照了作为佐贺县县树的樟树的根基。同时也被认为是模仿了大隈的身体

外观

1895 年	1 月 11 日生于东京
1919 年	早稻田大学理工科建筑学科毕业，同年任早稻田大学理工科建筑学科助教
1924 年	成立建筑团体“大都会”
1926 年	以早稻田大学留学生的身份，经苏联赴欧美留学（至 1927 年）
1928 年	协助设立帝国美术学校
1931 年	著作《俄罗斯苏维埃新兴建筑图鉴》出版
1937 年	任早稻田大学教授
1953 年	著作《建筑与人性》出版
1956 年	成立高迪友谊协会日本支部
1962 年	获日本建筑学会奖（日本二十六圣人殉教纪念馆）、获早稻田大学大隅纪念奖学嘉奖
1963 年	受邀参加高迪友谊协会成立 10 周年庆典
1965 年	任早稻田大学名誉教授
1966 年	任关东学院大学教授（至 1982）
1977 年	凭借题为“近代建筑的人性化设计对建筑界的贡献”的论文获日本建筑学会奖
1987 年	5 月 20 日逝世

融入了现代主义和高迪风格的野心之作

日本二十六圣人纪念馆由钢筋混凝土构造的教堂（神父馆）以及资料馆组成，圣堂为三层建筑，资料馆为二层建筑。建筑为了纪念因天主教禁令而被逮捕并处决的 26 名忠实信徒逝世 100 周年而建造，选址于殉教地的小山丘（西坂公园）。

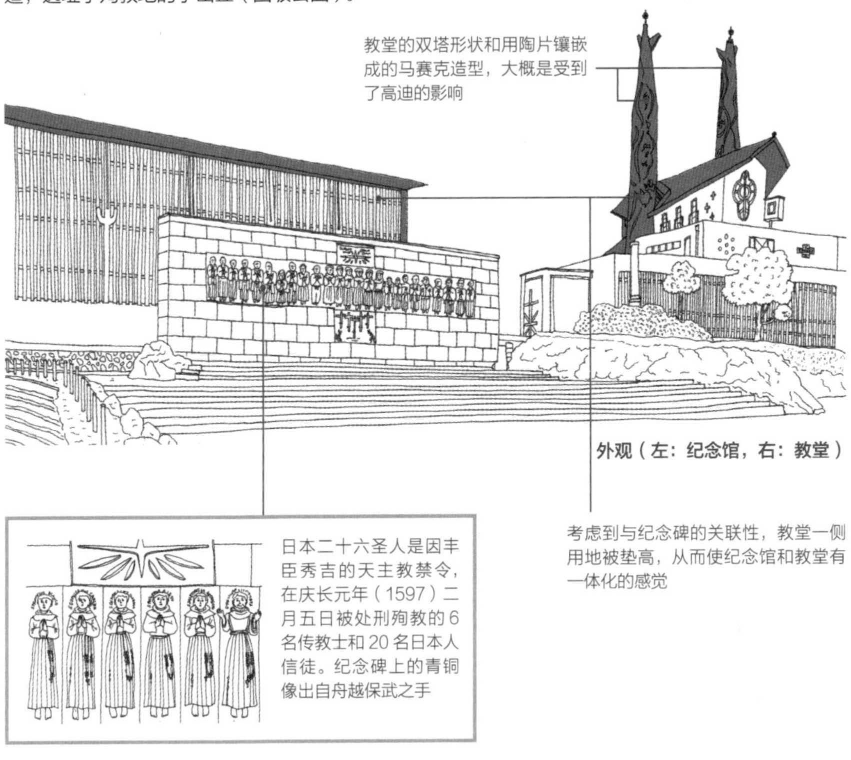

外观（左：纪念馆，右：教堂）

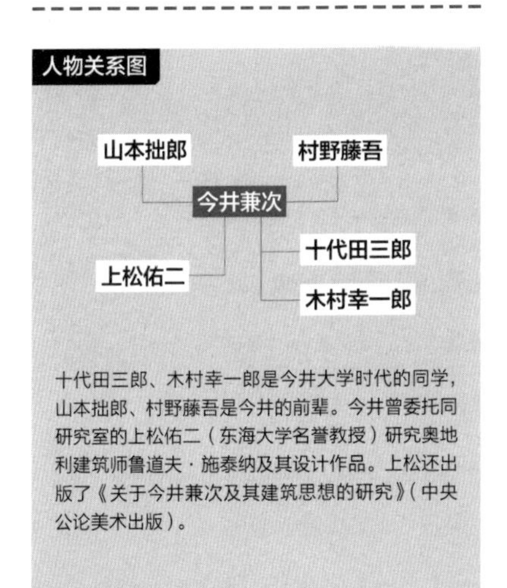

十代田三郎、木村幸一郎是今井大学时代的同学，山本拙郎、村野藤吾是今井的前辈。今井曾委托同研究室的上松佑二（东海大学名誉教授）研究奥地利建筑师鲁道夫·施泰纳及其设计作品。上松还出版了《关于今井兼次及其建筑思想的研究》（中央公论美术出版）。

内部（教堂）

大隈重信纪念馆竣工：1966 年｜所在地：佐贺县佐贺市水江 2-11-11
日本二十六圣人纪念馆竣工：1962 年｜所在地：长崎县长崎市西坂町 7-8

2 大正时代

山田守

成立了分离派建筑会并与过去的形式告别

分离派宣言

“起来，从陈旧的建筑圈中分离出来，并赋予所有的建筑真正的内涵，创造出新的建筑圈！起来，为了唤醒沉睡在陈旧建筑圈内的人们，为了拯救逐渐被淹没的人们！起来，我们愿为实现我们的理想，欣然奉献出我们的一切，直到我们倒下，直到我们死去！我们一起向全世界发出宣言。”

山田守、堀口舍己、森田庆一等人在毕业时成立了“分离派建筑会”组织，这个名称引用了维也纳分离派的名字，试图打破过去的建筑风格并创造出新的东西。

分离派建筑会曾在大正九年（1920）为宣传其理念在东京帝国大学举办建筑会作品展。山田是分离派的核心人物之一，他将分离派中的表现主义倾向一直延续到职业生涯的最后。

线条丰富独特的博物馆

东海大学海洋科学博物馆是山田逝世后，由山田守建筑事务所负责设计建造的，是表现主义风格建筑。如今建筑内的布局，大体上保持了当时的状态。

昭和四十九年（1974）开馆的东海大学自然历史博物馆坐落在海洋科学博物馆旁边，一系列连续的尖拱设计是表现主义的特点

外观（东海大学自然历史博物馆）

合理排布的门檐和立柱结构，好似郁金香和喷泉；巨大水槽、圆弧与梯形动线组成的观光水箱错落有致，令人印象深刻

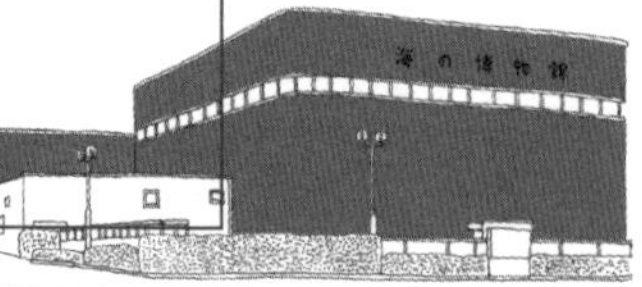

外观（东海大学海洋科学博物馆）

1894 年　4 月 19 日出生于岐阜县羽岛郡
1920 年　东京帝国大学工学部建筑学科毕业后，成立分离派建筑会，任递信省经理局营缮科通信技术员
1925 年　东京中央电信局竣工
1929 年　赴欧美出席第二届现代建筑国际会议（德国法兰克福）
1933 年　与布鲁诺 · 陶特、谷口吉郎、吉田铁郎一起赴各地考察建筑
1939 年　任递信省经理局营缮科科长
1942 年　协助设立航空科学专门学校（现东海大学的前身）
1945 年　从递信省离职
1946 年　通信建设工业株式会社成立（1949 年解散），任董事
1949 年　成立第一建筑株式会社，开设山田守建筑事务所
1951 年　任东海大学理事兼工学部建筑学科主任教授
1963 年　日本武道馆设计竞赛入选
1964 年　被授予蓝绶褒章，赴欧美七国及巴西考察，京都塔和日本武道馆竣工
1965 年　获勋三等旭日中绶章
1966 年　6 月 13 日逝世

现代主义与表现主义相融合的东海大学湘南校区

山田曾担任东海大学理事兼主任教授，因此在东海大学留下了许多建筑作品。其中最值得一提的是入选了“DOCCMOMOJapan”的东海大学湘南校区，从场地规划到建筑设计等一系列工作都是由山田负责的。

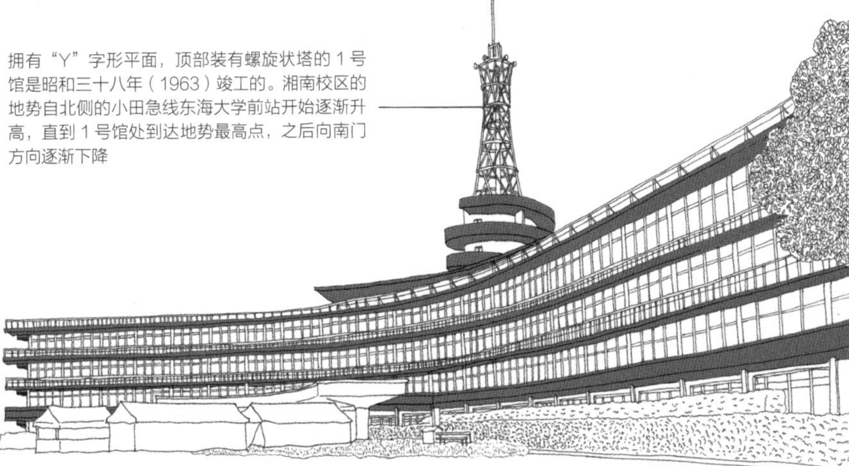

外观（1号馆）

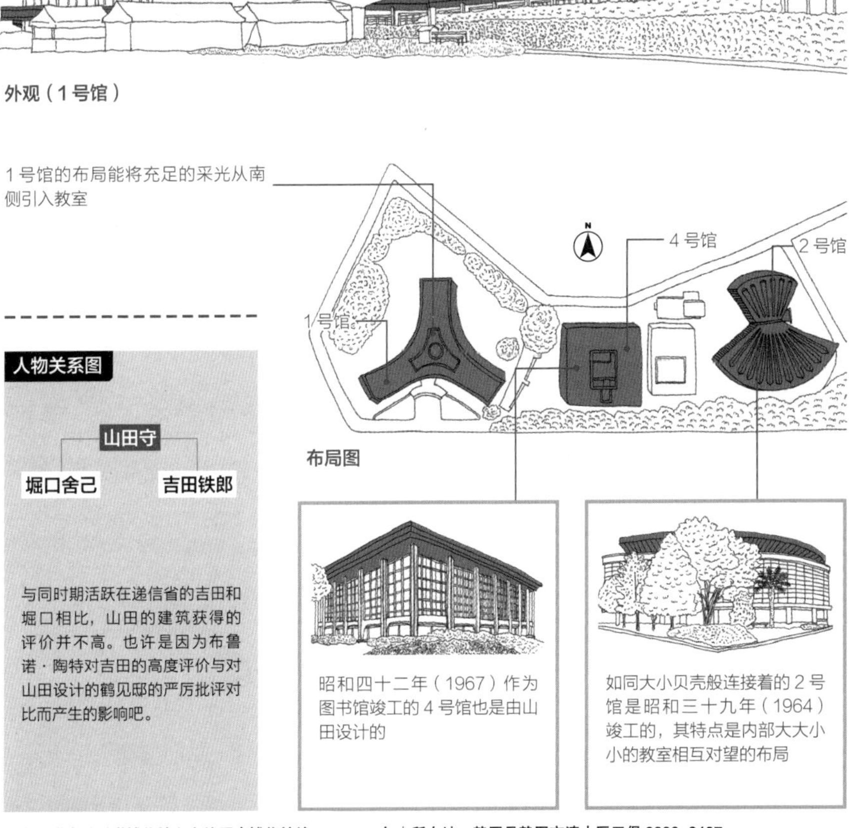

布局图

人物关系图

山田守

堀口舍己　吉田铁郎

与同时期活跃在递信省的吉田和堀口相比，山田的建筑获得的评价并不高。也许是因为布鲁诺·陶特对吉田的高度评价与对山田设计的鹤见邸的严厉批评对比而产生的影响吧。

东海大学海洋科学博物馆和自然历史博物馆竣工：1970年｜所在地：静冈县静冈市清水区三保2389-2407

东海大学湘南校区竣工：1963年（1号馆），1964年（2号馆），1967年（4号馆）｜所在地：神奈川县平冢市北金目4-1-1

堀口舍己

追求既正统又现代的日式风格

多才多艺的人物

堀口既是建筑史学家同时也是一位和歌诗人，是一个多才多艺的人。曾在东京大学担任助手的早川润评价他说道："他接触过十分出色的音乐、绘画、雕刻、古董等作品，特别是当他接触过之后，能够从其中汲取精神食粮来充实自己。"堀口似乎认为想要成为一名优秀的建筑师，不仅需要接触建筑，还要接触其他优秀的东西。

堀口是以阿姆斯特丹学派等表现主义作为开端，在经历过现代主义后成为了日式建筑大师。大正九年（1920）毕业后不久，他与山田守等人组成了分离派建筑会，并在大正十年（1921）通过和平纪念东京博览会（大正时期日本国内举办的大型博览会）的设计表达了分离派的主张。

移居欧洲后，他试图构建吉川宅邸那样以白色和直角元素来进行现代设计的建筑。从昭和十一年（1936）左右开始，他以茶和茶室为研究中心，对数寄屋※及书院造等传统建筑进行研究，并通过实际测量和调查发表了大量论文。

堀口的最佳杰作——八胜馆御幸之间

爱知县的怀石料理餐厅八胜馆的御幸之间和樱花之间都是堀口的作品。其中，御幸之间作为堀口的代表作而广为人知。该建筑是由昭和二十五年（1950）参加在爱知县召开的国民体育大会的天皇和皇后的住宿场所改建而成的。

外观

1895年　1月6日生于岐阜县
1917年　东京帝国大学工科大学建筑学科入学
1920年　举办"分离派建筑会作品展"（东京帝国大学），同年从东京帝国大学工学部建筑学科毕业，举办"分离派建筑会作品展"（日本桥白木屋），出版《分离派建筑会宣言与作品》，9月进入东京帝国大学研究生院
1921年　任和平纪念东京博览会工营科技术员，10月和平纪念东京博览会交通馆空航馆竣工，举办"第2届分离派建筑会作品展"，年底和平纪念东京博览会池塔开工建设（1922年3月竣工）
1922年　从和平纪念东京博览会工营科辞职
1923年　在堀越三郎的推荐下和大内秀一郎一同前往欧洲（至1924年）
1925年　小出宅邸竣工
1929年　任帝国美术学校教授（至1933年）

小出邸（现江户东京建筑物园）

※ 日本特有的建筑形式，是茶室建筑与书院建筑的结合样式。

山田守▼82页 | 森田庆一▼86页

混凝土的日式表达：常滑陶艺研究所

虽然设有展示设施，但这座建筑本质上是以振兴陶艺为目的的研究设施。外观与战前堀口在荷兰抽象艺术集团以及包豪斯风格的影响下所设计出的建筑不同，这座建筑可以说是尝试用混凝土来表现日式风格的建筑。构成平面的框架虽然是轴对称的，但空间结构却是非对称的。

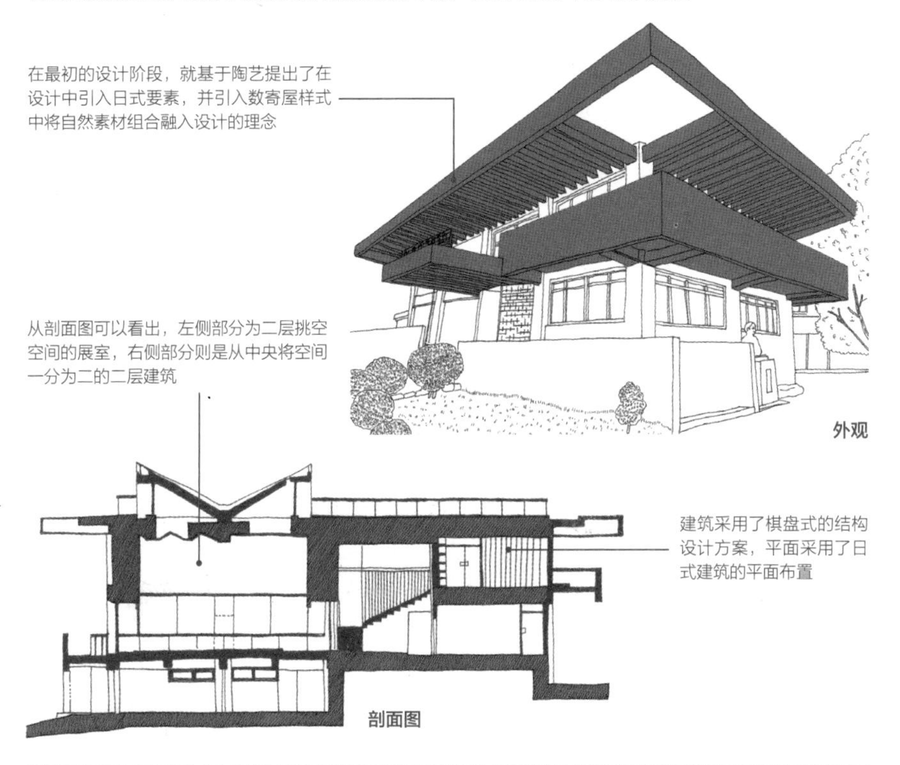

人物关系图

堀口舍己 — 神代雄一郎
堀口舍己 — 早川正夫

泷泽真弓曾与堀口一起在朝鲜和中国等国家旅行，后来还和堀口一起成立了分离派建筑会。早川正夫是堀口的学生，他与堀口一起进行设计，他还继承了堀口的设计体系。建筑史学家神代雄一郎曾在明治大学和堀口一起担任教授并共同执笔完成了一些文章。

（接左表）

1941 年　任东京女子高等师范学校讲师（至 1946 年）
1944 年　发表论文“关于书院建筑和茶室建筑的研究”，获得工学博士学位
1946 年　任东京大学工学部讲师
1949 年　任明治大学工学部建筑学科教授
1950 年　论文《利休的茶室》获 1949 年度日本建筑学会奖（论文奖）
1951 年　建筑作品“八胜馆御幸之间”获 1950 年度日本建筑学会奖（作品奖）
1953 年　获每日出版文化奖（《桂离宫》，每日新闻社）
1965 年　从明治大学离职，任神奈川大学工学部教授
1966 年　获勋三等瑞宝章
1969 年　获日本建筑学会奖（“通过创作和研究为传统建筑的发展做出的贡献”）
1970 年　从神奈川大学退休
1984 年　8 月 18 日逝世
根据堀口舍己本人的意愿，他逝世的消息并未公开。直到 1995 年“堀口舍己 100 周年诞辰纪念研讨会”上，才发现他已逝世

八胜馆御幸之间竣工：1950 年｜所在地：爱知县名古屋市昭和区广路町石坂 29
常滑陶艺研究所（现常滑陶之森陶艺研究所）竣工：1961 年｜所在地：爱知县常滑市奥条 7-22

2 大正时代

森田庆一

在建筑论的世界中展开『京都学派』

追求缜密的理论构建

据森田庆一的学生弥政和平说，森田在他著有的《建筑概论》演讲时曾说过："对于建筑的讨论虽是丰富多样的，但也混乱不堪如同百鬼夜行。因此建筑师要勇于探寻能作为秩序的建筑原则，并构成建筑概论。"森田似乎以这次演讲为起点，稳步推进其建筑思想的形成。

京都学派既可以称得上是一种哲学，也可以称得上是一种建筑论，它是由森田创建的。森田虽然最初与山田守等人一起成立了分离派，但后来他在博士论文中对维特鲁威（古罗马建筑师，著有《建筑十书》）进行了阐述，并逐渐将他的观点作为建筑理论展开研究。

他在文献研究上花费了大量的精力，并凭借这一成就，获得了日本建筑学会奖。也是从这里开始，他继承了增田友也的思想创建出京都学派。作为一名建筑师，虽然他的作品很少，但他留下的作品都很出色。

细腻的现代主义表现：汤川纪念馆

昭和二十四年（1949），为纪念京都大学的汤川秀树教授（因研究介子理论成为第一位获得诺贝尔奖的日本人），而建造了这座钢筋混凝土构造的三层建筑。这是京都大学中，森田继乐友会馆和农学部正门之后，经过了三十年的又一作品。

这个作品的风格与森田之前常见的建筑风格大不相同。这是一座借由历史主义样式的比例，打造细腻的现代主义风格，展现出森田试图从西方古典建筑论中形成自己的设计

外观

1895 年　4 月 18 日出生
1920 年　从东京帝国大学工学部建筑学科毕业，参与分离派建筑会，任警视厅技术员
1921 年　到内务大臣官房都市计划科任职，同年任警视厅技术师，年底任内务工程师
1922 年　任京都帝国大学副教授
1934 年　获得工学博士学位，任京都帝国大学教授
1950 年　任京都国际文化观光都市建设审议会委员，京都府建筑审查会委员
1951 年　任奈良县建筑审查会委员

十六银行热田支行

现代主义纪念碑：京都大学乐友会馆

该建筑为钢筋混凝土结构的二层建筑，由清水组负责施工于大正十四年（1925）竣工。乐友会馆是为纪念京都大学建校 25 周年而建立的同窗会馆，并于昭和十年（1935）举行了作为美学家及社会运动家的中井正一等进步文化人士集会，进行反法西斯文化活动。这里还是讨论农业问题的集会及用于物理化学的研究发表、演讲会等活动的舞台。这是继大正九年（1920）分离派建筑会开始活动之后，可用来进行日本现代运动的纪念碑式作品。

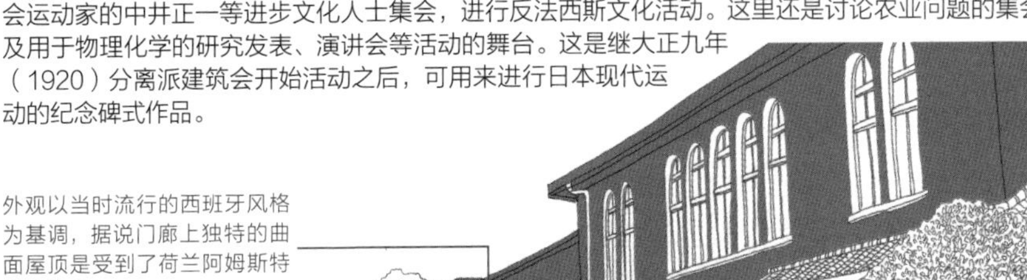

外观以当时流行的西班牙风格为基调，据说门廊上独特的曲面屋顶是受到了荷兰阿姆斯特丹派的影响

外观

立面

门廊下的连续尖拱设计是充分利用了混凝土可塑性的特征，可能是受德国表现主义的影响

内部

室内装饰由室内设计师先驱及东京高等工艺学校教授森谷延雄设计

人物关系图

山田守
|
森田庆一
|
增田友也

在东畑谦三的回忆中，大学二年级［大正十三年（1924）左右］时的他曾参加了在大阪演讲厅举行的分离派小型演讲会，森田、堀口、石本喜久治、泷泽真弓、矢田茂等人在那里相继登台演讲。虽然乐友会馆在他毕业几年之后才竣工，但可以说其仍然充满了浓厚的分离派表现主义倾向。

（接左表）

1952 年　任奈良女子大学教授

1953 年　任文部省大学设置审议会临时委员，建设省一级建筑师试验委员，京都国立博物馆调查员（至 1954）

1955 年　“建筑论研究会”设立
京都学派的建筑理论框架的产生始于森田及京都大学的“建筑论研究会”。直到森田退休为止，他的学生发表了《哥特佛莱德·波姆的建筑论研究》（大仓三郎，1957 年 3 月）、《拉斯金和莫里斯的建造论研究》（白石博三，1958 年 6 月）等重要论文，使得框架变得更加明确

1956 年　任京都府风景会审议会委员

1958 年　任京都大学名誉教授

1963 年　任东海大学工程系教授

1965 年　获勋二等瑞宝章（日本明治天皇创设的勋章）

1974 年　《论维特鲁威的研究与西方古典学基础对建筑理论形成的贡献》获得日本建筑学会奖

1976 年　担任日本建筑学会荣誉会员

1983 年　2 月 13 日逝世

京都大学基础物理学研究所（汤川纪念馆）竣工：1952 年｜所在地：京都府京都市左京区北白川追分町
京都大学乐友会馆竣工：1925 年｜所在地：京都府京都市左京区吉田二本松町

吉田五十八

从日式风格中发现新的可能性

注重培养“个体”的教育者

吉田曾说建筑不是在课程中教授的知识，并且指出当看到设计处于萌芽期还没有完全形成自己风格的学生的草稿时，要给予明确的指导。后来成为东京艺术大学教授的奥村昭雄回想起自己的学生时代时，赞扬吉田的教育理念与普世教育方法不同，称吉田的教育方法重视并且有助于培养有自己独特个性的个体。

吉田五十八曾进行了以数寄屋为中心的日本传统建筑的现代化研究，并在一生中灵活运用其研究成果从事日式建筑的设计※。从大正时代开始，分离派中出现了被称为后期表现派的作品，吉田是在日式住宅里完成此项工作的代表性建筑师。

虽然吉田的主要工作是在战后才开始进行的，但他很早就开始尝试使用钢筋混凝土结构来表达日式建筑。之后他还设计了以中宫寺本堂等建筑为代表的钢筋混凝土结构的神社建筑。

山口蓬春纪念馆的景致

画家山口蓬春是吉田在东京美术学校时期的同窗。山口在昭和二十三年（1948）购入了一座木造二层的日本住宅作为自己的宅邸，并委托吉田负责改建和增建画室。宅邸在平成三年（1991）时被改造为纪念馆，改造工作由建筑师大江匡负责。

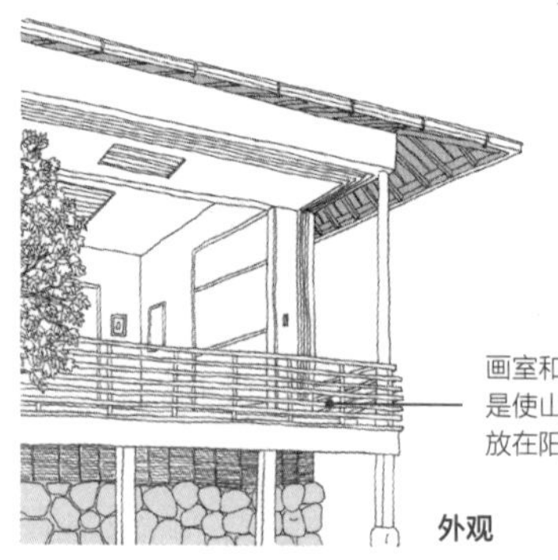

外观

1894 年　12 月 19 日生于东京日本桥
1923 年　毕业于东京美术学校设计学科
1925 年　赴欧美留学
1941 年　任东京美术学校讲师
1946 年　任东京美术学校及东京国立美术学院教授
1949 年　任东京艺术大学教授
1952 年　任外务省官厅建设预备委员会委员，获日本艺术院奖
1954 年　任日本艺术院会员
1961 年　从东京艺术大学退休
1962 年　任东京艺术大学名誉教授
1963 年　任皇宫新宫修建顾问（至 1968 年）
1964 年　获文化勋章
1967 年　获得建筑业协会奖（大阪皇家酒店）
1968 年　任最高法院设计竞赛评委
1972 年　任日本剧场技术协会会长
1974 年　3 月 24 日逝世，获勋一等瑞宝章

※ 吉田在“近代数寄屋住宅及其明朗性”[昭和十年（1935）十月号《建筑与社会》]中展示了通过隐藏或去除传统日式建筑中的大量元素使视觉变得流畅的方法，并提出一种新的表达日式建筑的方式。

日式风格的现代主义名作：诹访市文化中心（原北泽会馆）

这座建筑原本是作为北泽工业株式会社的福利设施而建造的，是钢筋混凝土结构的二层（部分三层）建筑。平面以中庭为分隔，由剧院和会馆两部分构成，并在以钢筋混凝土结构为基础的现代主义风格建筑中添加了日式要素。

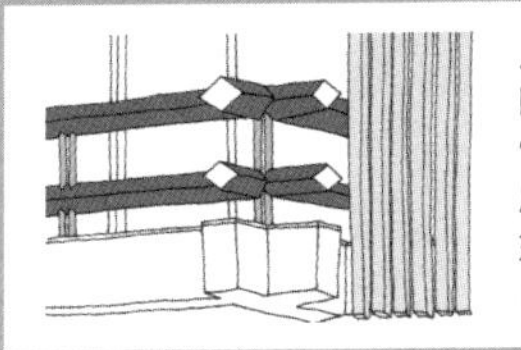

从警卫室附近（也是由吉田设计的）眺望这座建筑的话，可以感受到比例恰到好处的日式风格要素与建筑的尺度关系正合适，既不过小也不过大。如果走近观察，又能感受到与精致的日本风格的不同之处

千本格子风格的主入口、舞台部分的歇山式屋顶以及阳台上菱形断面的高栏和风扶手等元素，都是日式风格的体现

外观

从平面构成来看，室内空间柔化了日式元素的存在感

中庭将平面区分为剧场部分和会馆部分

大厅可容纳一层的 518 个座位和二层的 386 个座位

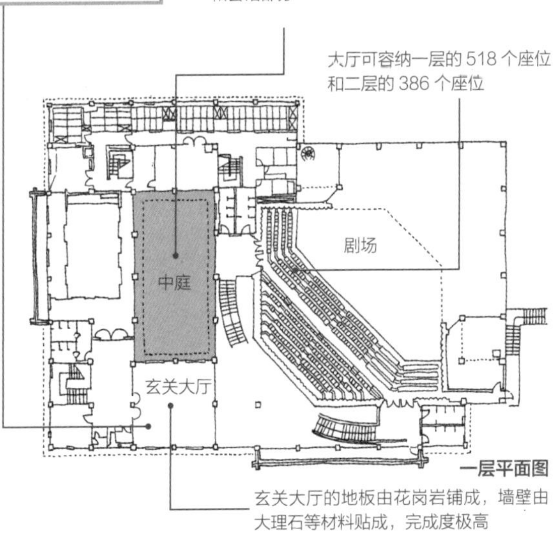

一层平面图

玄关大厅的地板由花岗岩铺成，墙壁由大理石等材料贴成，完成度极高

人物关系图

冈田信一郎
太田信义
吉田五十八
今里隆

吉田五十八的父亲是太田胃散的创始人太田信义，因吉田在其 58 岁时出生，因此得名五十八。据说吉田五十八的新兴数寄屋是受到父亲的影响。在东京艺大的时候，吉田五十八曾跟随冈田信一郎学习。吉田培养出的学生有设计了两国国技馆等建筑的今里隆等人。

山口蓬春纪念馆（旧山口蓬春画室）竣工：1954 年｜所在地：神奈川县三浦郡叶山町一色 2320
诹访市文化中心（旧北泽会馆）竣工：1962 年｜所在地：长野县诹访市湖岸通 5-1018-1

2

大正时代

大冈实

与火灾抗争：用钢筋混凝土构造来表现传统建筑

被火灾改变了的人生

提及大冈实不得不谈到发生于昭和二十四年（1949）一月二十六日的法隆寺金堂大火。大冈因法隆寺金堂的火灾，被迫辞去了法隆寺国宝保存工程事务所所长一职，也因此走上了致力于用钢筋混凝土结构来表现传统建筑的道路。大冈的研究员青柳宪昌指出："这次火灾令精通木制建筑研究的大冈十分痛心，也促使其下决心研究钢筋混凝土结构并改造日本传统建筑。"

大冈在建筑界以作为建筑史学家而闻名。他负责了川崎市日本民家园※的整个建设过程，对从基本构想到选定移建民宅等各个阶段都进行了指导。

不过据说大冈最初本想成为建筑设计师，但因大学一年级时聆听了伊藤忠太的讲座，从而走上了建筑史研究的道路。虽然那个时候现代主义建筑是主流，但他与该潮流划清了界限，尝试使用传统的表现手法，设计混凝土结构的建筑。

蕴含着防火思想的浅草寺本堂

使用钢架钢筋混凝土结构来建造寺院建筑的想法来源于两方面的原因，其一，前文提到的法隆寺火灾；其二，因为本堂的建筑图纸是由设计了筑地本愿寺的伊东忠太负责的，因此也受到了伊东的影响。

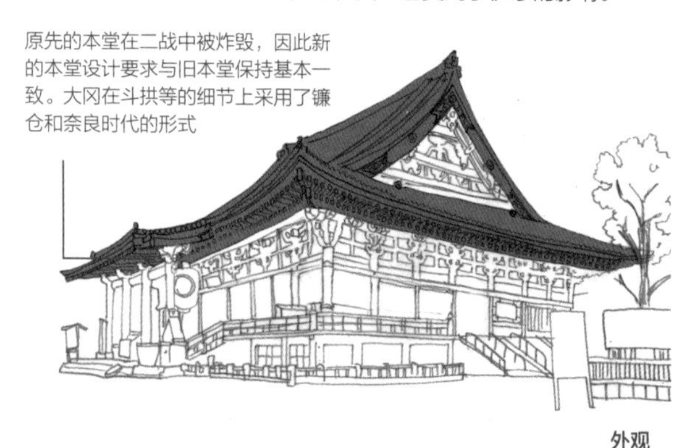

外观

1900 年	9 月 29 日生于东京深川
1926 年	东京帝国大学工学部建筑学科毕业后，进入研究生院
1939 年	接受文部省对法隆寺的委托
1940 年	任文部工程师
1942 年	获得工学博士学位，毕业论文题为《论兴福寺伽蓝配置在本国伽蓝制度史上的地位》
1946 年	任法隆寺国宝保存工程事务所所长
1947 年	任国立博物馆保存修理科科长
1949 年	1 月 26 日发生法隆寺金堂火灾事件 大冈因此于同年 3 月辞去所长一职，同年 7 月被指控玩忽职守并被起诉（在 1952 年 5 月确定无罪之前，一直被停职）
1952 年	任横滨国立大学工学部教授
1959 年	任平城京遗迹调查会委员
1966 年	任日本大学工学部建筑学科教授
1987 年	12 月 7 日逝世

※ 日本古民居博物馆，此处安置和展示了 25 所江户时代的民宅等文化遗产建筑物。

混凝土的木造表现：高岛城

这是大冈的作品中为数不多的古代城郭的复原案例。原建筑于庆长三年（1598 年）建造，明治八年（1875）被拆除。大冈设计了钢筋混凝土构造的城楼，以及木造的冠木门和角楼，于昭和四十五年（1970）竣工。

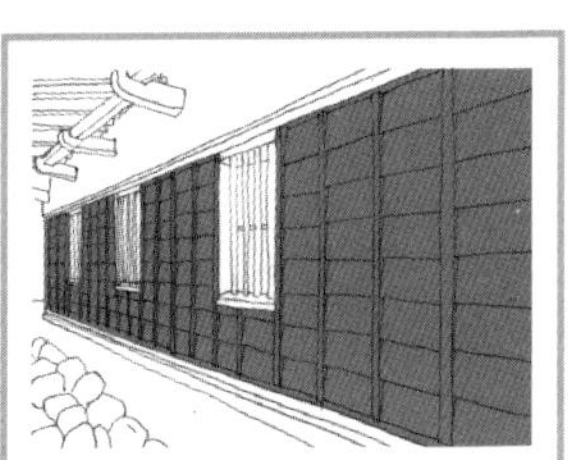

外观（天守阁）

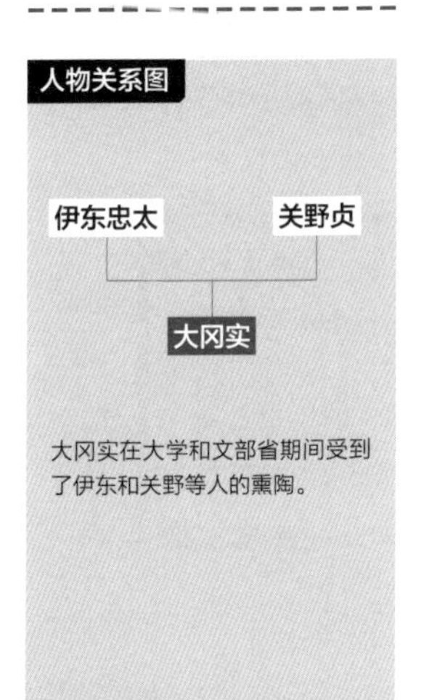

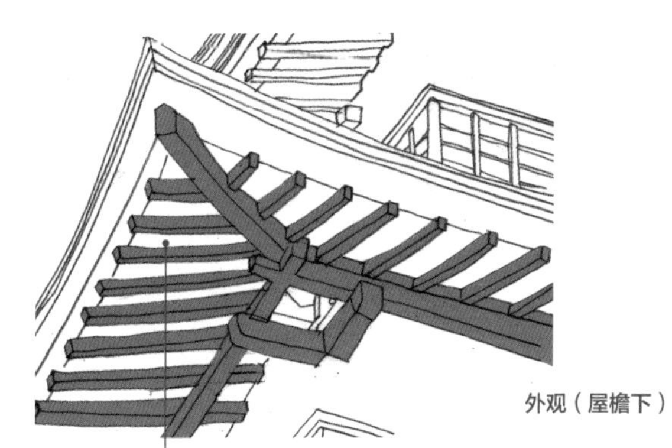

外观（屋檐下）

浅草寺本堂竣工：1956 年｜所在地：东京都台东区浅草 2-3-1
高岛城竣工：1970 年｜所在地：长野县诹访市高岛 1-20-15

专栏

建筑设计和标准规范

现在的很多设计事务所往往都设定了各种标准规范，虽然明治以前工匠们的模型书等也与标准规范类似，但直到近代，建筑标准规范才被认真制定。类似于明治二十年代文部省建造的学校，明治三十年代大藏省临时建筑部建造的盐、烟产业设施，昭和十一年（1936）内务省社会局建造的恩赐乡仓（仓库）等需要大量建造的建筑物很多都是可以基于标准规范来建造的，而那时的标准规范仅包含案例模型或图纸。

由官方或公共单位发布的标准规范易于计算建筑预算，还有确保建筑物性能和质量稳定等的优点。日本建筑学会在昭和四年（1929）的《建筑工程手册》中制定了材料、构造、设备的性能标准规范；并于昭和十二年（1937）五月成立了设计资料集成委员会，于同年发布了包含丰富建筑案例图纸的《建筑设计资料集成》。《建筑设计资料集成》提出了多种建筑类型的设计标准，从而使任何人设计出具有一定性能的建筑成为可能。

日本农商务省和农林省也制定了蚕业设施和茶厂等建筑的标准规范。农业仓库的标准规范是由农商务省委托高木源之助（1913 年毕业于东京帝国大学工科大学建筑学科）制定的。虽然参照标准规范也许会导致建造出很多相似的建筑，使得考虑建筑保存时很难分辨出其独有的特征。但从另一个角度思考：其一，如果建筑和规范保持一致的话反倒可以被当作典型案例；其二，按照规范而建造出来的建筑虽基本形式一致，但如果存在一些不同的话，反而更容易找到建筑各自的特征。

平面图

与幼蚕共同饲养所相关的案例一号

（农林省蚕丝局）1932 年

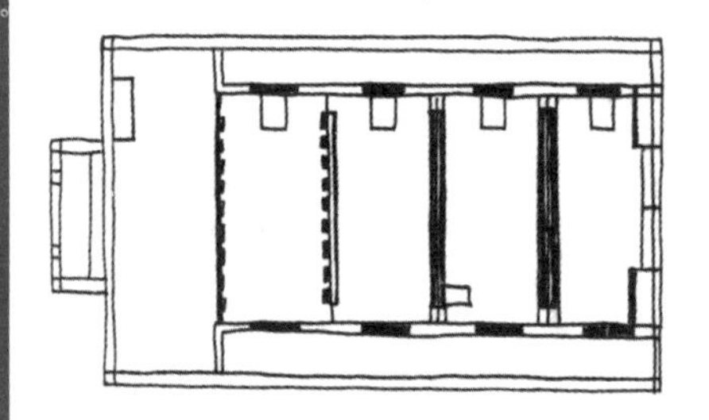

旧岩城村西山田养蚕采用组合幼蚕共同饲养场

1936 年左右

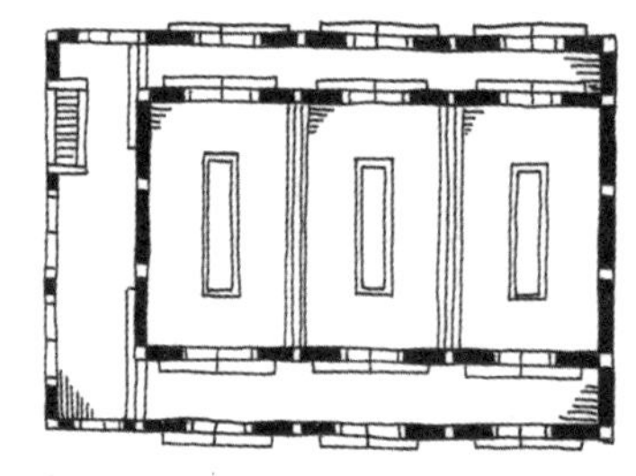

这两者都是基于标准规范建造出来的建筑案例。两者的平面构成十分相似，在模板的基础上设计不仅可以保证建筑水准，还具有易于计算建造费用等的优点

3

昭和时代（二战前）

昭和时代，建筑师的作用开始得到全社会的认可。同时，该时期也是曾师从欧洲建筑大师勒·柯布西耶的坂仓准三和前川国男等人开始向世界送出一流的现代设计作品的时期。可惜的是，他们的发展受到了战争的阻碍，许多建筑师在战争的影响下度过了一段不得志的时光。但就好像明治时代的桑田曾因战争导致的粮食短缺而不得不变成马铃薯田一样，出于物资材料缺乏及合法的建筑活动受到限制等原因，建筑师们在这一时期摸索出了利用可得材料来建造建筑的技术。这是一段在荒芜的土壤上孕育出革新的时代。

3

昭和时代（二战前）

前川国男

贯彻大胆的想法和风格

前川与竞赛

前川是一位坚持参加设计竞赛的建筑师。前川从法国返回日本的时候，日本正处在民族主义倾向盛行的时期，而他则立志将在法国的所学所得与国际主义主张传播到日本建筑界。他认为与日本当前盛行的主张相隔绝的唯一办法就是通过竞赛获得项目并传播思想，此后他便以“参与竞赛”的方式来开展自己的活动。

很多建筑师都称从前川的作品中感受到了男子汉气概。前川虽数次参加设计竞赛但大都落选，即使在这样一段灰暗的时光里，他也仍坚持设计有骨气的建筑，向自明治以来如君王般统治日本建筑界的古典派们发起反击，其作品也受众多建筑师喜爱。

他在向勒·柯布西耶和安东尼·雷蒙德等人学习的基础上，创造出了一种与包豪斯风格的简单白色箱体截然不同的建筑风格。

上野之颜：东京文化会馆

东京文化会馆位于上野公园的入口处，是一座钢架钢筋混凝土结构的地上四层、地下二层的建筑。会馆的东北侧坐落着由勒·柯布西耶设计的西洋美术馆（世界遗产）。

大厅是举办歌剧和古典音乐等活动的音乐厅，采用六角形平面布置，挑高的设计保证了开口18米、纵深25米、高12米的宽敞舞台空间

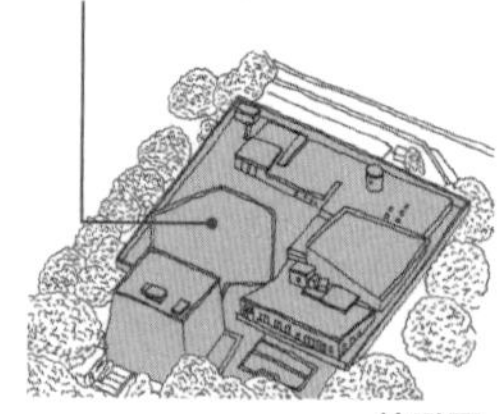

俯瞰图

外观

如果要在内部设置一个高12米的大厅的话，通常很难在外形上隐藏其存在。前川通过设置高差来缓和建筑高度，并用柯布西耶设计的礼拜堂式的曲面屋檐来隐藏大厅的存在

1905年　5月14日生于新潟县新潟市

1925年　东京帝国大学工学部建筑学科入学

1928年　东京帝国大学工学部建筑学科毕业，毕业当天赴法国，在勒·柯布西耶事务所进修，参与瑞士学生会馆和埃勒斯住宅等的设计工作（至1930年5月）

1930年　入职安东尼·雷蒙德事务所（至1935年9月），在职期间的作品有夏之家、川崎府邸等

1931年　在东京帝室博物馆设计竞赛中落选，发表《东京帝室博物馆计划及设计说明》《国际建筑》等文章

1935年　成立前川国男建筑设计事务所（银座会馆大厦五楼），事务所的第一个项目是森永糖果店银座店的改建工程

1946年　开始生产木板组装式住宅“玩乐”（PREMOS），同年在东京大学工学部发表演讲

1951年　事务所重组为株式会社前川国男建筑设计事务所

1957年　参加横滨市官厅指定设计竞赛落选，参加世田谷区民会馆指定设计竞赛当选

1986年　6月26日逝世

深受当地民众喜爱的神奈川县立图书馆及音乐厅

这是一座钢筋混凝土结构和钢结构并用的地上三层、地下一层的公共建筑。前川为了解决当时风格尚未明确规定的县立图书馆和缺少设计基础数据的音乐厅如何有机结合的课题，努力收集了必要的基础数据。他还专注于提高建筑生产的工业化水平和施工方法的准确性，这座建筑也因在平成五年（1993）重建计划中陷入拆迁危机时收到数万份保存请求的签名信而闻名。

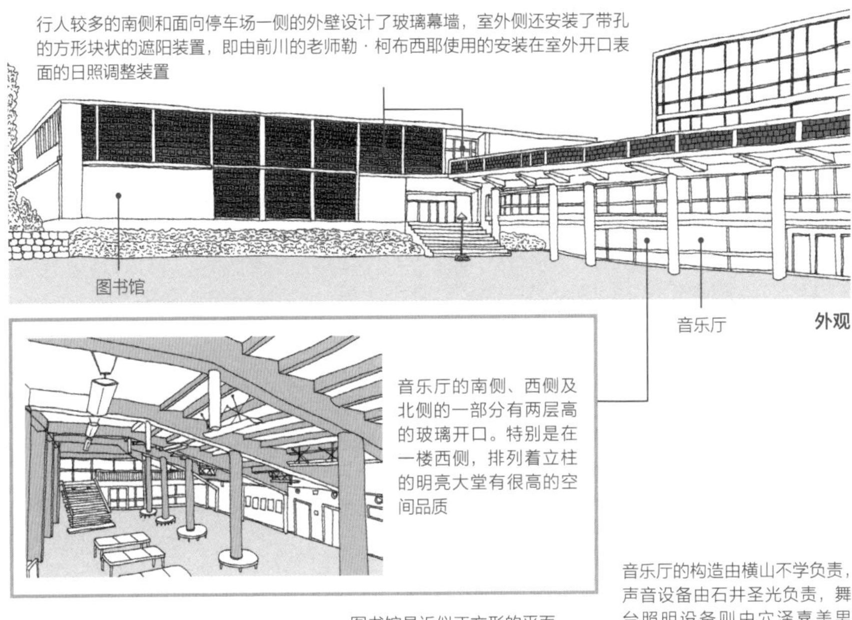

外观

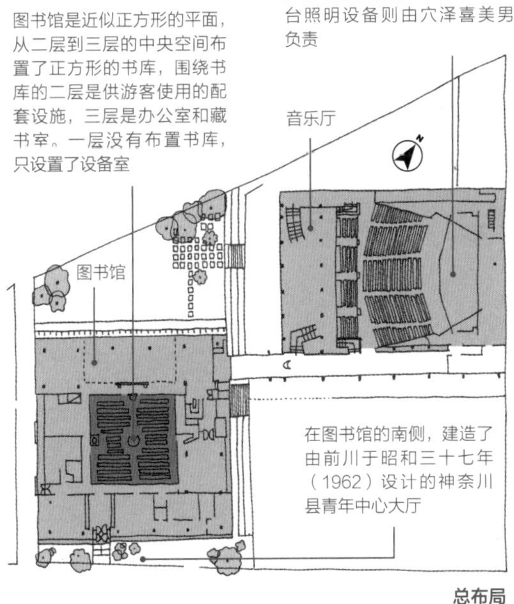

总布局

人物关系图

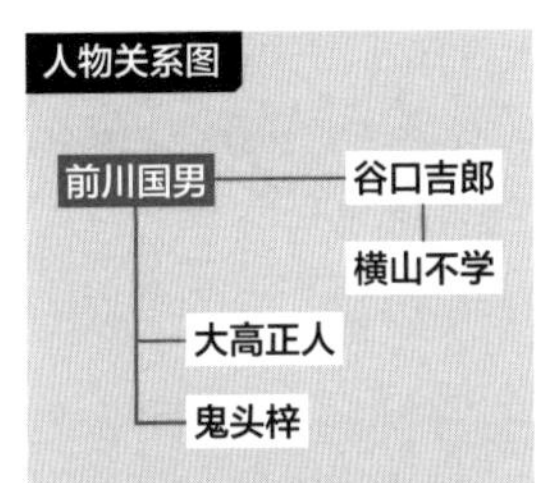

谷口吉郎和横山不学是前川国男的同窗。丹下健三在大学毕业后，也曾进入前川事务所工作，负责了岸记念体育会馆等建筑的设计工作直到昭和十六年（1941）。除此之外，前川的学生还有大高正人、鬼头梓等日后成长为日本近代建筑领域优秀建筑师的人才。

东京文化会馆竣工：1961 年｜所在地：东京都台东区上野公园 5-45
神奈川县立图书馆及音乐厅竣工：1954 年｜所在地：神奈川县横滨市西区红叶丘 9-2

谷口吉郎

精通现代主义风格 投身建筑保护运动

寻求建筑的美

与谷口有着四十多年交往经历的菊池重郎认为谷口发表在《希腊建筑》上的《申克尔的古典主义建筑》一文是谷口自学生时代以来就一直追求日本美学的思想结晶，也是在战争中开出的花朵。另外，由谷口在战后设计的藤村纪念堂、东京国立博物馆东洋馆、日本学士院等建筑是凝聚了现代日本建筑之美的作品。

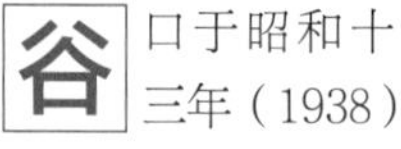

谷口于昭和十三年（1938）至次年九月，在第二次世界大战开战前夕曾访问了以德国为中心的欧洲，并深受其影响。特别是谷口早期的作品，常采用包豪斯风格的白色箱体和大玻璃窗等元素。

另外，谷口还是推动明治村建设及开村的建筑师之一。此外，他还负责了由陆军工程师田村镇设计的旧近卫师团司令部办公大楼（1910）改造而成的东京国立近代美术馆和工艺馆（1977）的改修工程。

雷公柱为一大特色的东京国立博物馆东洋馆

东京国立博物馆东洋馆是一座钢筋混凝土构造和钢构造的地上三层、地下二层的建筑。建筑位于在庆应四年（1868）的戊辰战争中烧毁的宽永寺本坊的伽蓝建筑的用地，是一个十分具有历史价值的位置。

外观

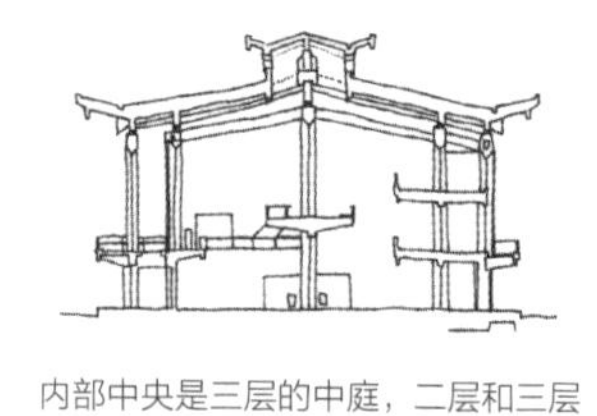

内部中央是三层的中庭，二层和三层的地板是从东西方向的内壁向室内部分延伸出来的，中庭中央立着雷公柱样式的立柱

1904 年　6 月 24 日出生于石川县金泽市

1925 年　东京帝国大学工学部建筑学科入学

1928 年　从东京帝国大学工学部建筑学科毕业，毕业设计是“钢铁厂”，进入研究生院，跟随佐野利器研究工厂建筑

1930 年　东京帝国大学研究生毕业，任东京工业大学讲师

1931 年　任东京工业大学副教授

1938 年　由外务省、文部省委任担任驻外研究员，因在柏林建造的日本大使馆有技术方面的问题而赴德

1939 年　前往欧洲的期间爆发了第二次世界大战，乘坐逃生船经由美国返日，其中在停留德国期间受到了卡尔·弗里德里希·申克尔的影响

1943 年　获得工学博士学位，博士论文题为“关于建筑物的风压的研究”，任东京工业大学教授（至 1965 年 3 月），退休后任该大学名誉教授

东京工业大学创立 70 周年纪念讲堂

工厂建筑的名作：秩父水泥第二工厂

谷口在伊藤忠太的指导下完成了“钢铁厂”的毕业设计，并在研究生阶段师从佐野利器进行关于工厂建筑的研究，所以很擅长工厂建筑的设计，他的处女作是东京工业大学水利实验室（一期工程）。而他设计的秩父水泥第二工厂被称为工厂建筑中的杰作，生产设备的布局由来自丹麦史密斯公司的技术指导决定，担任实施设计和监理的是日建设计工务。

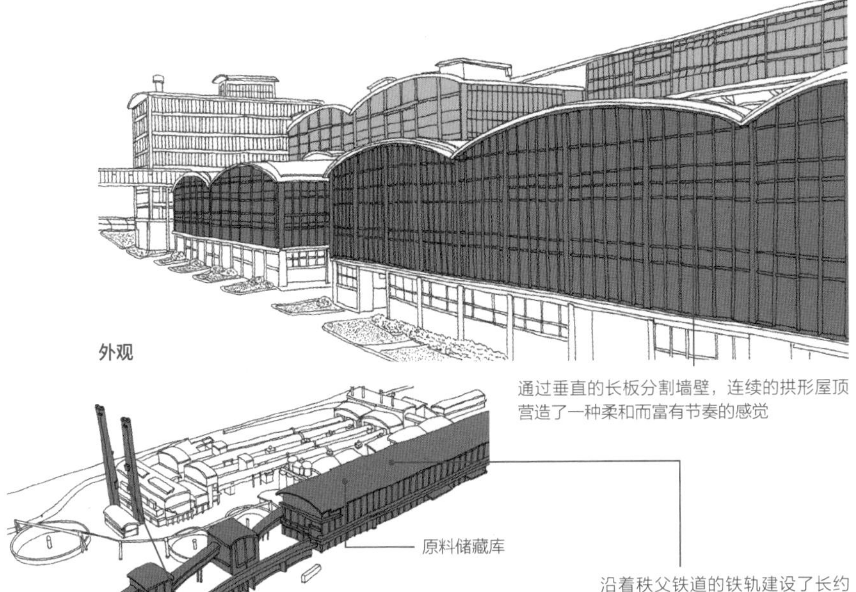

外观

通过垂直的长板分割墙壁，连续的拱形屋顶营造了一种柔和而富有节奏的感觉

沿着秩父铁道的铁轨建设了长约 240 米的原料贮藏库，并以此为中心向西缓缓调整各工厂的面积从而控制建筑整体高度

在东南侧烟囱中导入了电除尘器，使得灰尘尽可能少地排放到大气中。由于需要设置许多会产生震动的设备，因此采用了钢架钢筋混凝土的构造

鸟瞰图

人物关系图

谷口吉郎

谷口吉生

现代建筑师谷口吉生是谷口吉郎的儿子。

（接左表）

1956 年　获日本建筑学会作品奖（秩父水泥第二工场）、每日出版文化奖（《修学院离宫》，每日新闻社，1956 年 10 月）

1961 年　获得日本艺术院奖（东宫御所设计）

1964 年　任博物馆明治村馆长（至 1979 年）

1965 年　博物馆开馆

因第二次世界大战中的空袭，很多明治时代的建筑遭到破坏，其他很多幸免于难的建筑也因地价上涨和建筑老化等原因而被拆除，这令谷口感到十分可惜。他在朝日新闻发表了《鹿鸣馆突然消失，令人遗憾，如果改成明治博物馆的话就好了》的文章，由此可见他对于保护明治建筑强烈的责任感。

后来在一次四高（旧制第四高等学校）校友会上，谷口与很久未见的土川元夫（名古屋铁道社）再次见面并进行了交谈，并通过名古屋铁道社的资助将建立博物馆明治村这一事项具体化

1967 年　设立株式会社谷口吉郎建筑设计研究所，获得日本建筑学会成就奖（明治村及明治建筑的保护）

1968 年　担任文化厅文化遗产保护审议会委员

1973 年　文化勋章获得者（为推动日本近代建筑发展做出的贡献）

1979 年　2 月 2 日逝世

东京国立近代美术馆

东京国立博物馆东洋馆竣工：1968 年｜所在地：东京都台东区上野公园 13-9

秩父水泥第二工厂竣工：1956 年｜所在地：埼玉县秩父市大野原 1800

3 昭和时代（二战前）

明石信道

将设计重点放在建筑与土地和人的联系上

重视地缘的建筑师

长谷川尧在《明石信道作品集》"建筑师明石信道"一文中，把明石的作品称作"纽带建筑"，并指出这是一种强调人与人之间的联系并加强地缘紧密联系的建筑风格。明石在新宿设计了新宿武藏野馆、新宿帝国馆、新宿区政府办公大楼、安与大厦等 4 座建筑，全部都是受新宿相关人士的委托而设计的。

明石曾因其"旧帝国酒店的实证研究"而获得日本建筑学会业绩奖（1972），并被大众所熟知。但在此前，他是一位活跃于现代建筑界的著名建筑师。大学毕业后，他没有在任何一家公司就职，而是开设了独立建筑设计事务所，并接受了新宿武藏野馆的设计委托。

在大萧条时期，他却接连收到很多设计委托。其中有一个代表性的作品——名为"棒二森屋"的百货商店建筑，明石负责这座建筑从建造到扩建的全程，跨越了近半个世纪。他是一位会根据百货商店的时代发展而保持思考的建筑师，这一建筑无疑是他最耀眼的成绩。

耸立于新宿的八角形大厦：安与大厦

安与大厦是一座位于新宿站东口的商业设施，其特征在于通过使用旋转八角形平面的手法堆积起各层楼板。

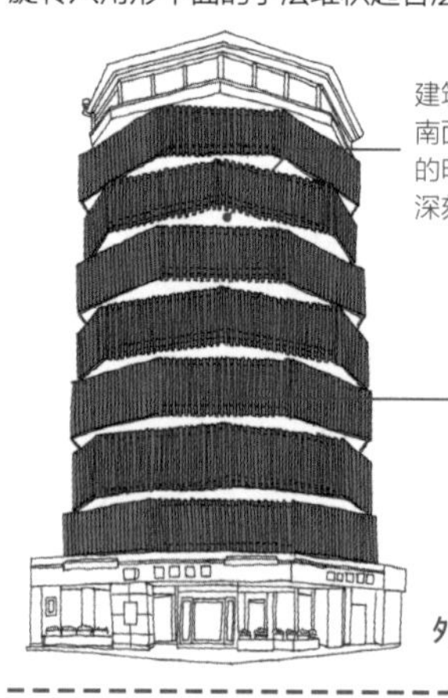

建筑物被长格覆盖着。白天可以接收来自南面的柔和阳光，夜间可以通过灯光产生的明暗营造出立体感。这是一个令人印象深刻的外观，吸引了来往行人的目光

入驻该大楼的京怀石柿传（一家怀石料理餐厅）的和室装修是由谷口吉郎设计的

外观

1901 年	7 月 17 日出生于北海道函馆市
1928 年	早稻田大学理工学部建筑学科毕业后，开设明石信道建筑设计事务所，设计新宿武藏野馆
1940 年	任早稻田大学讲师
1947 年	任早稻田大学副教授
1952 年	任早稻田大学教授
1973 年	以"旧帝国酒店的实证研究"荣获 1972 年日本建筑学会奖
1974 年	任早稻田大学名誉教授、九州产业大学教授（至 1981）
1986 年	逝世

新宿武藏野馆

全程由明石负责的棒二森屋百货商店

这座建筑是在昭和九年（1934）的函馆大火之后，由金森森屋和棒二荻野两家百货公司合并后新建的百货商店建筑。明石接受了这项设计委托，并在新建工程完工后仍亲自负责了多次扩建和翻新工程。建筑已于平成三十一年（2019）一月底关闭并被拆除。

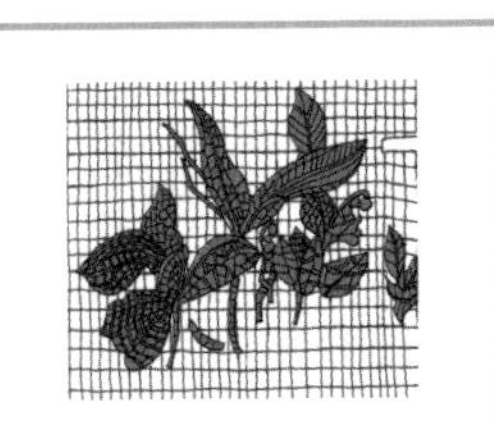

在东侧阳台的壁面上，用彩色瓷砖拼贴出了象征公司的铃兰纹样，这是于昭和四十一年（1966）扩建时由明石设计的

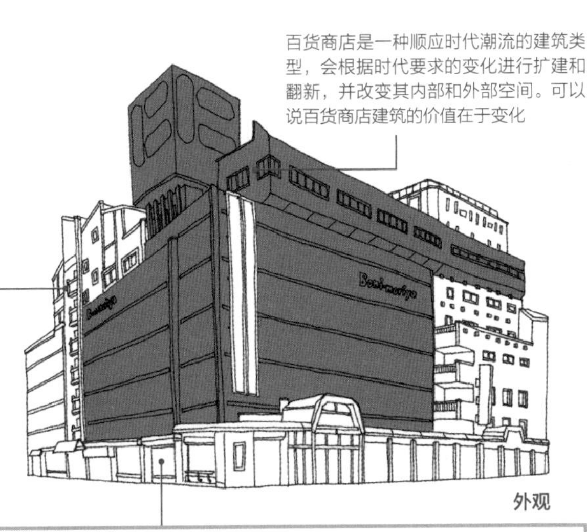

百货商店是一种顺应时代潮流的建筑类型，会根据时代要求的变化进行扩建和翻新，并改变其内部和外部空间。可以说百货商店建筑的价值在于变化

外观

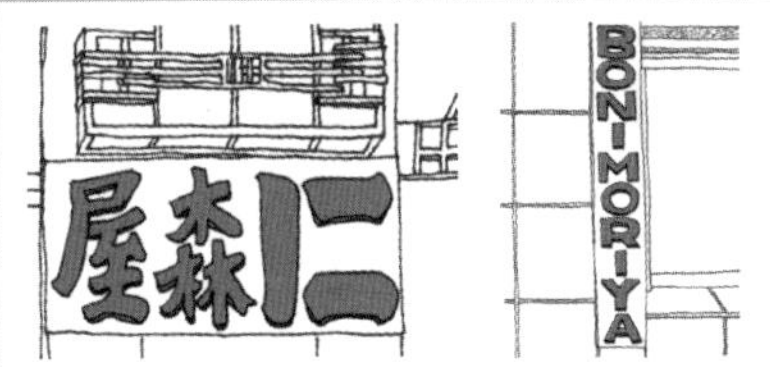

正门入口和展示橱窗上部装饰着十字图案的瓷砖。建造时通过瓷砖贴成的“棒二森屋”的墙面装饰和一部分照明设施等在商店停业后仍被保留在建筑上

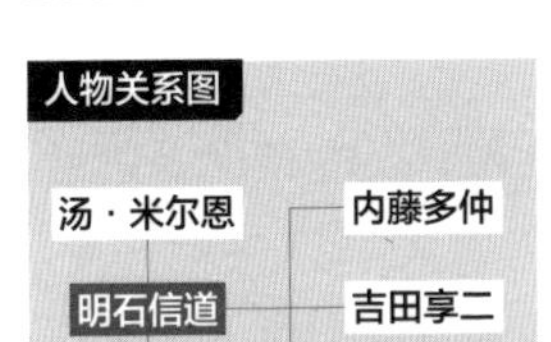

明石回忆说，多亏了从英国返日的伯母汤·米尔恩的关系，他才得以进入大学就读。他口中的伯母是与乔赛亚·康德尔同时代的工部省御聘西洋建筑师，也是日本地震学的奠基人——地质学家约翰·米尔恩的妻子。内藤多仲、吉田享二、今和次郎等人担任过明石在大学时期的老师。相田武文是明石的研究室的成员。

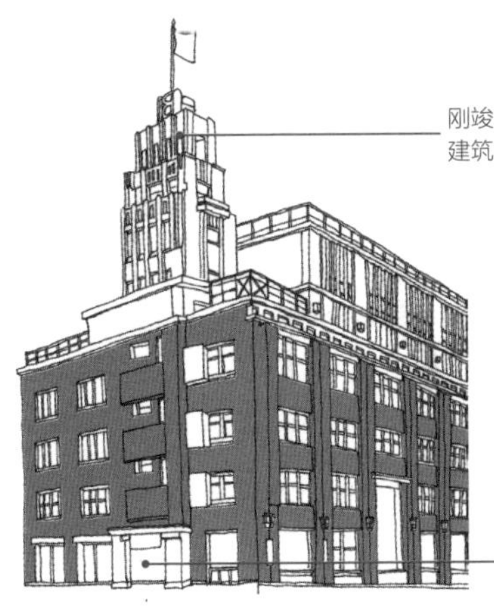

刚竣工时为钢筋混凝土造的六层建筑（拆除前为七层建筑）

扩建后也依旧保持原设计

入口周围经历过多次翻新和扩建，但仍然保留了许多原始设计

外观（竣工时）

安与大厦竣工：1968 年｜所在地：东京都新宿区新宿 3-37-11
棒二森屋百货店竣工：1936 年｜所在地：北海道函馆市若松町 17-12

白井晟一 孤傲的作风与广博的人脉

与建筑界交流的历史

白井在年轻的时候积极与优秀的人同行并向他们学习，在晚年的时候则进行著述等活动。作为昭和四十五年（1970）意图对建筑和建筑师进行思考的“70计划”的创始人之一，白井参加了昭和三十年（1955）来日本访问的康拉德·瓦克斯曼的研讨会，与前川国男、大江宏、吉阪隆正、大谷幸夫等人展开了讨论。昭和五十年（1975），他与前川、大江、神代雄一郎等人被任命为后继组织“风声”的成员。

以孤高的建筑师和哲学家来形容白井十分合适。他是一位像人民作家般的建筑师，他认为建筑既属于所有者，也属于民众，同时也属于设计者，并且建筑也是工匠的产物，因此他与各种各样的人进行了广泛交流。

通过与哲学家、文学家的交流，他在晚年又进一步促进了与建筑界的关系。他的作品有着如罗马式建筑般独特的外观，同时他那奇特的材料处理方式和高品质的细节处理方式也同样为人所知，备受建筑界瞩目。

饱含禁欲设计的善照寺

净土真宗东本愿派寺院的正殿是采用了钢筋混凝土墙式构造的平房建筑。白井说：“寺庙与佛像类似，不是让人追求幻想中神秘能力的地方，而是能够让人们深入内心，能作为实现被冥想所包围的空间，成为圣与俗之间最佳协调方式的纪念场所。”

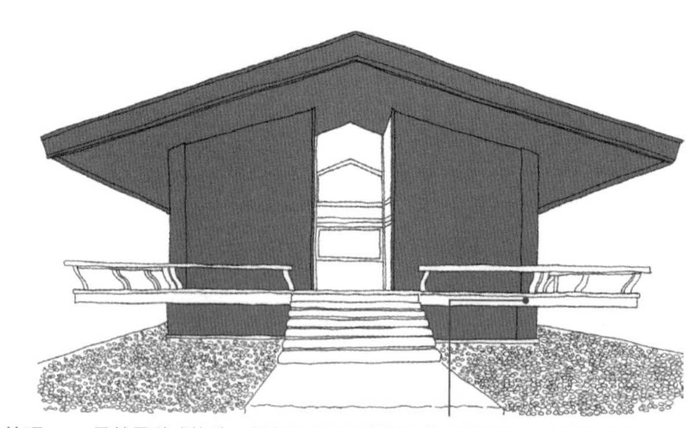

外观　虽然是壁式构造，但在开口和四角露出的支柱继承了真壁构造的传统。水平方向的回廊的地板下形成了深深的阴影，从而使得钢筋混凝土墙式结构的厚重建筑物看起来像是如漂浮一般

室内立着的八角形的柱子，继承了传统寺院的形象。开口部分设置为朝堂，外阵、内阵与房间并列布置

内部

罗马风格般厚重的石水馆

石水馆即静冈市芹泽圭介美术馆，是作为展示染色工艺家芹泽圭介的作品和收藏的场所，该馆于昭和五十六年（1981）三月竣工。石水馆被建在拥有日本特别历史遗迹（登吕遗迹）的登吕公园内的一角，是钢筋混凝土墙式结构的平房建筑。石水馆这个名字，据说来源于白井所喜欢的京都高山寺的石水院。

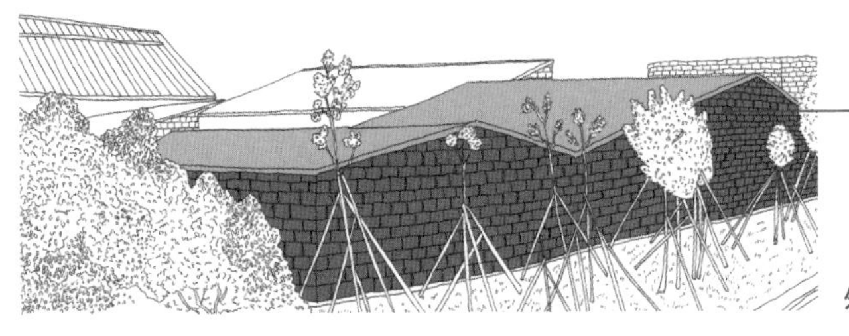

外观

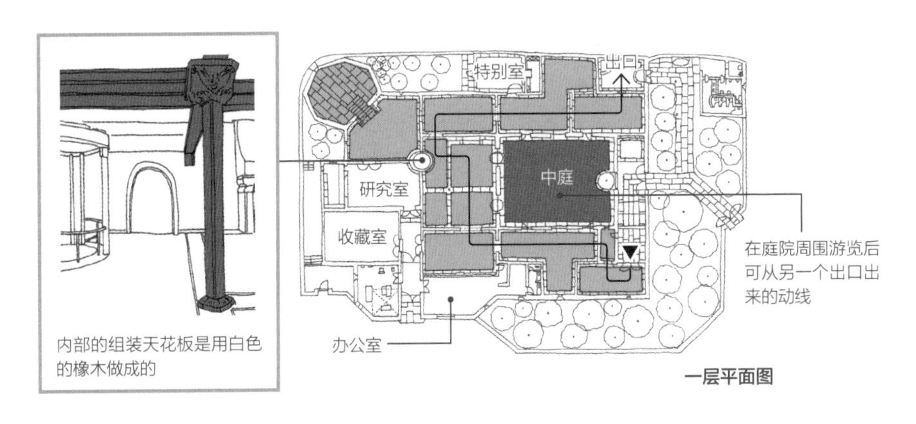

一层平面图

人物关系图

岸田刘生　户坂润
林芙美子　白井晟一

大正十二年（1923）在姐夫近藤浩一路的家中，白井曾向岸田刘生、藤田嗣司、中川一政等人打听西欧的情况。在京都高等工艺学校就读时，他对思想家户坂润十分尊敬，并以兄长待之。在德国时，白井曾跟随哲学家卡尔·雅斯贝尔斯学习。昭和六年（1931）在巴黎时，他曾与法国文学家小松清、美术评论家今泉笃男、小说家林芙美子等人进行过深度沟通与交流。

1905 年　2 月 5 日生于京都市
1922 年　就读于东京物理学校（现东京理科大学）
1924 年　京都高等工艺学校（现京都工艺纤维大学）设计学科入学
1928 年　京都高等工艺学校毕业，在京都帝国大学美学美术史教授深田康算的劝说下赴德国海德堡大学学习
1930 年　由于发动了学生运动，转学到柏林大学
1932 年　从柏林大学哲学系毕业后在莫斯科生活了一年
1933 年　经由西伯利亚返日
1956 年　在传统论、民众论充斥着当时建筑媒体的情形下，因发表《论江川氏旧韭山馆的绳纹式风格》（《新建筑》1956 年 8 月）引发争论
1965 年　设计诺亚大厦
1983 年　11 月 22 日逝世

善照寺竣工：1958 年｜所在地：东京都台东区西浅草 1-4-15
石水馆竣工：1981 年｜所在地：静冈县静冈市骏河区登吕 5-10-5

3 坂仓准三

师从勒·柯布西耶的战后建筑界领袖

昭和时代（二战前）

大嗓门的热血汉

曾跟随坂仓学习的藤木忠善形容坂仓是：“天生的大嗓门，性格爽朗，没有一丝灰暗阴郁的感觉。一丝不苟，诚实，当谈到建筑时会滔滔不绝。”最重要的是，坂仓对于现状的理解和对未来的洞察力都十分敏锐，虽然有时不免会被误解。当他发现设计存在问题时，会一语道破并质问：“你在为什么而建造建筑？”他还对中世纪建筑和日本传统艺术有深入了解。

坂仓准三于昭和二年（1927）前往欧洲，并从昭和六年至昭和十一年（1931—1936）师从当代建筑巨匠勒·柯布西耶学习建筑。后来他与同样在柯布西耶处学习过的前川国男一起领导着从战前到战后的日本建筑界。

坂仓于昭和十二年（1937）设计了巴黎万国博览会日本馆，他利用钢架表达建筑，在追求现代建筑的合理性的同时，又通过纤细的支柱表达出日本建筑的独特性。这一作品可以说是神奈川县立近代美术馆镰仓别馆的延续。

现存唯一的建筑作品：市村纪念体育馆

这是一个建在佐贺城公园里的体育设施，是一个采用双曲面外壳的吊顶和折板作为结构的建筑案例。由理研光学工业（现理光株式会社）和三爱商事株式会社的创始人市村清出资，为捐献给佐贺县修建而成。作为坂仓设计的现存唯一的体育馆建筑，有着十分珍贵的价值。

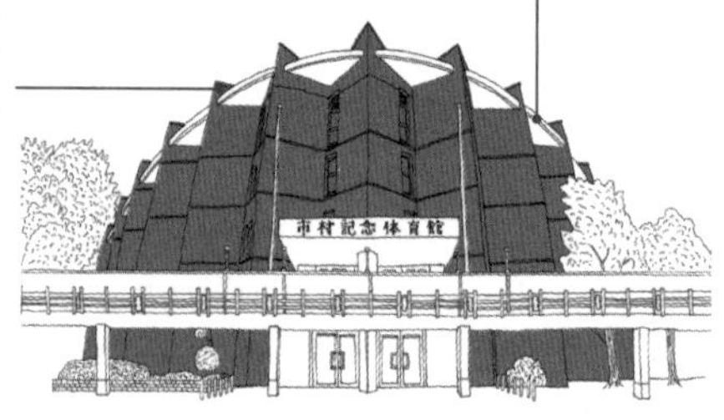

外观

1901 年　5 月 29 日于岐阜县羽岛市出生
1927 年　东京帝国大学文学部美学美术史学科毕业
1929 年　赴巴黎大学学习建筑
1931 年　入职位于巴黎的勒·柯布西耶建筑事务所
1936 年　负责巴黎万国博览会日本馆的设计监理
1937 年　获巴黎万国博览会建筑大奖
1940 年　创立坂仓准三建筑研究所

前川国男是第一个在二战后开始从事建筑活动的建筑师，他于 1947 年在新宿黑市建造了纪伊国屋书店，随后谷口吉郎的藤村纪念堂和坂仓准三的高岛屋京都店才相继落成。坂仓和前川、谷口都是促进战后日本近代建筑一路向前迈进的建筑师，在战后物资极度匮乏的背景下，他于 1949 年推出了最低限度住宅——加纳宅邸。虽然处于无法建造大规模建筑的背景下，但是包括坂仓在内的建筑师们仍在坚持和努力从事建筑活动

勒·柯布西耶

熟悉的新宿风景线：新宿站西口广场和地下停车场

这是坂仓不可忽视的代表作，新宿副都心是国铁（现东日本旅客铁路公司）、地铁、私铁、出租车等交通设施集聚的场所。随着接入新宿站的私人铁路（小田急线、京王线）的发展，规划提出在新宿站西口建立一个地下广场式的巨大交通中转站，以衔接各类型交通。

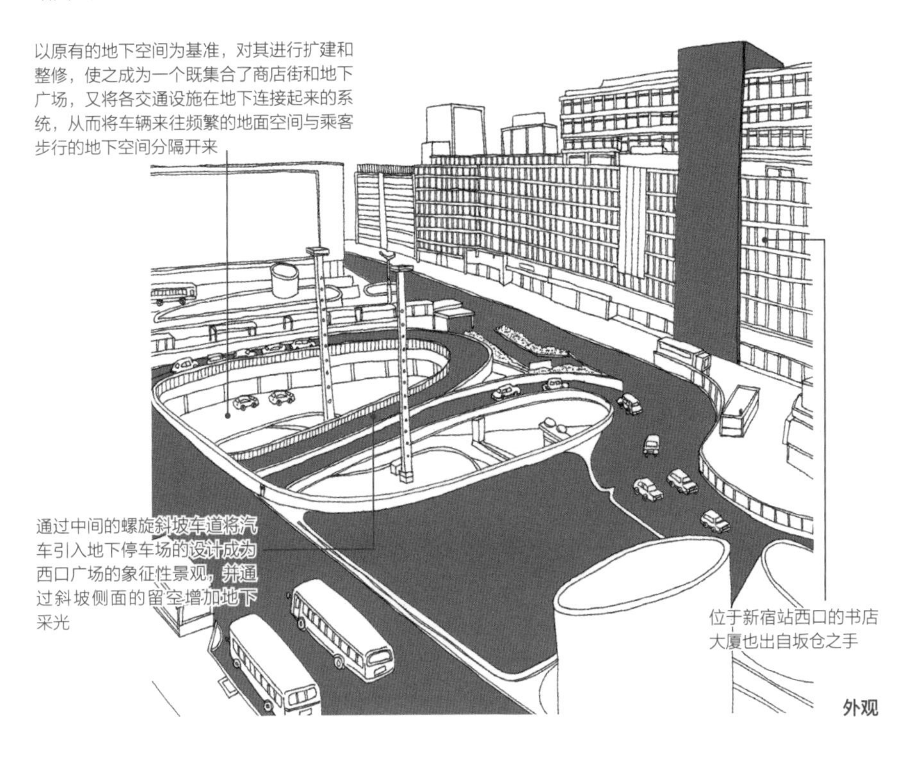

外观

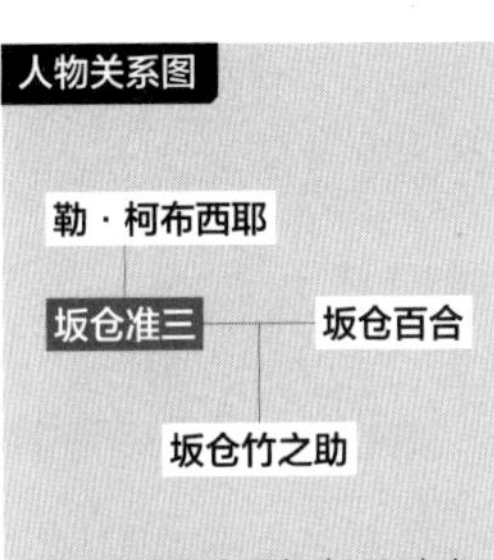

坂仓于昭和十四年（1939）与文化学院的创办人西村伊作的女儿百合结婚。她对坂仓有很大的帮助，著有《建筑师坂仓准三的生涯》一书。坂仓的儿子坂仓竹之助后来继承了坂仓建筑事务所。

（接左表）

1946 年　受驻日美军司令部技术总部委任负责设计与联合军有关的营建

1955 年　设计德国奥古斯堡狄赛尔纪念馆的日式庭院

1960 年　凭借国际文化会馆的合作设计（1954 年）获得日本建筑学会奖

1961 年　设计在德国慕尼黑的日本住宅（书院造）

1964 年　任日本建筑家协会会长

1966 年　在泰国各地设计了 25 所专科教育学校，协助完成日本驻法大使官邸新建计划

1967 年　凭借新宿副都心规划荣获日本建筑学会奖

1969 年　9 月 1 日逝世

神奈川县立近代美术馆镰仓别馆

市村纪念体育馆竣工：1963 年｜所在地：佐贺县佐贺市城内 1-1-35

新宿站西口广场和地下停车场竣工：1966 年｜所在地：东京都新宿区新宿 3-38-1

3 昭和时代（二战前）

浦边镇太郎

扎根于冈山地区，探索融合了传统与合理性的建筑设计

师从赖特、村野，构筑自己的思想

在远藤新的教导下，浦边意识到了自己也有着草原般的野性，于是将目光投向了赖特，并立志拥有威廉·马里努斯·杜多克（荷兰建筑师）的生活方式。浦边尊崇的日本建筑师有村野藤吾、前川国男等人，村野逝世的时候，浦边撰写了题为“人文主义建筑家”的悼文。浦边因为“通过植根于当地气候的城镇及优秀的建筑创作活动为建筑界做出贡献”被授予日本建筑学会奖，并在《风土与建筑》上撰稿写道“风土是我永远不会忘却的古老记忆”。

浦边是一位活跃在冈山县仓敷市的建筑师，与丹下健三等人同为战后日本建筑界的核心人物，主张从近代合理主义与日本传统建筑的结合中探寻多样化的设计，浦边致力于在当地人文环境中寻求设计理念。

特别是他设计的仓敷常春藤广场，是一个有效利用了历史建筑的作品，旨在保护浦边的家乡——仓敷的历史环境。浦边的行动对当时热衷于拆除后再建造的建筑师来说极具启发意义。

从工厂到酒店：仓敷常春藤广场

明治二十二年（1889）竣工的仓敷纺织厂的旧工厂深受当地居民的喜爱，也早已作为街道风景的一部分融入了居民的生活当中。浦边保留并再利用了其历史特征，将其改造成一处以酒店为主要功能的综合设施。通过这座建筑展现出了浦边对故乡仓敷的文化和风景的保护以及环境营造意识，体现出了浦边作为建筑师的真正价值。

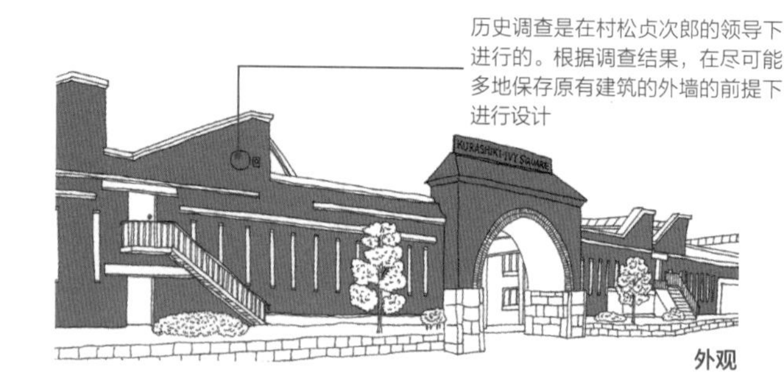

外观

内部

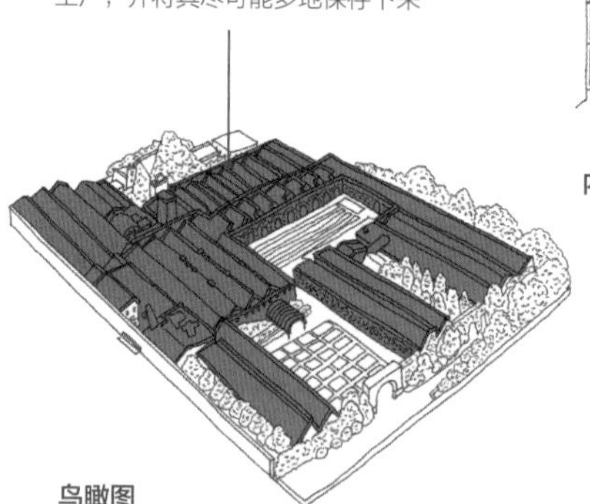

鸟瞰图

植根于本地的设计——仓敷国际酒店

这座酒店是在仓敷市被选为国际性文化城市的契机下规划建设的，在资金到位后确定了仓敷河沿岸历史建筑物林立的街区作为建设用地。酒店是钢筋混凝土结构的地上四层、地下一层建筑。

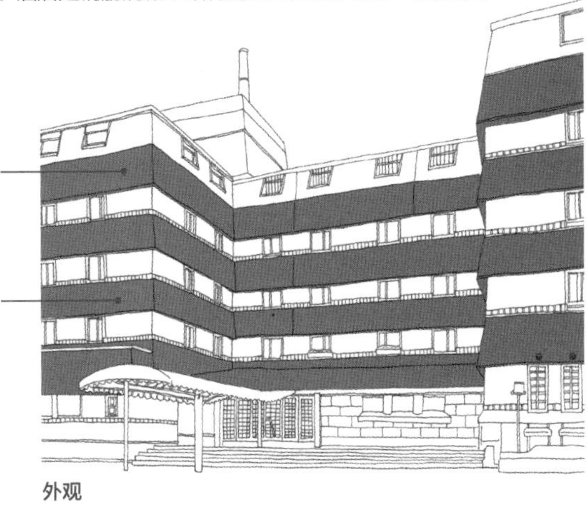

立面设计考虑到了仓敷的街道上有很多的白墙建筑，因此立面整体呈浅灰色与白色相间的样式，并用当地土仓中常见的方形瓷砖作为轻微装饰

虽然是日西合璧样式的建筑，但是没有过多强调日式氛围，使人仿佛置身于仓敷街道的平静风景之中

外观

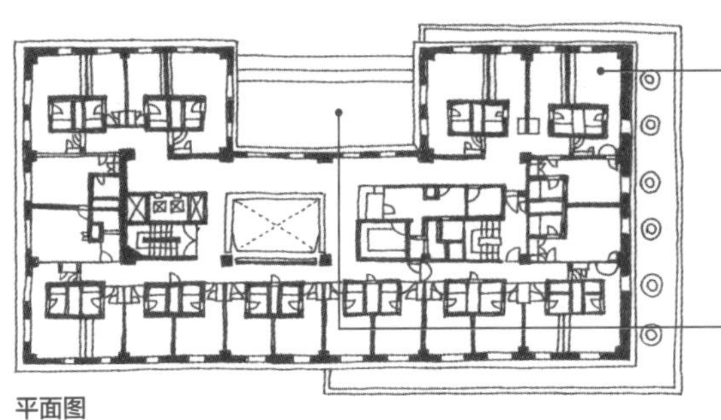

室内也是日式和西式交织的装饰，整体为民间艺术风格

平面为凹字形，通过中央部分的凹陷设计，缓解了道路面一侧的视觉压迫感，同时也可以把视线引到顶部两座塔屋之间的天空上，从而起到拔高建筑视觉高度的效果

平面图

人物关系图

远藤新
浦边镇太郎—大原总一郎

浦边曾师从远藤新学习建筑。仓敷绢织的社长大原总一郎是一位实业家，也是浦边的同乡，两人多次进行深入的交流，浦边的一系列建筑尝试也得以在仓敷绢织实现。可以说，大原是浦边的贵人，与浦边的职业生涯有着密不可分的关系。

1909 年　3 月 31 日生于冈山县仓敷市

1934 年　京都帝国大学建筑学科毕业后，入职仓敷绢织株式会社（现株式会社可乐丽）

1949 年　任仓敷绢织株式会社营缮科科长

1962 年　成立仓敷建筑研究所，大原总一郎担任董事兼会长，浦边镇太郎任董事长

1964 年　研究所名称变更为仓敷建筑事务所

1965 年　荣获日本建筑学会奖（仓敷国际酒店）

浦边在回想酒店设计时说：“我从那个时候开始就以‘保持微笑！’为座右铭。这是因为有人告诉我，笑起来要比一直哭丧着脸好，任何时候现实都是最好的老师。”他还认为只要平时心怀“三笑”，业主、建筑师和施工人员三方都会欢喜。双手合十，保持微笑和快乐也是建筑师的职责

1966 年　事务所名称变更为浦边建筑事务所

1981 年　任浦边建筑事务所的董事长兼会长

1987 年　事务所名称变更为株式会社浦边设计

1991 年　逝世，浦边设计现在仍然存在

仓敷常春藤广场竣工：1974 年｜所在地：冈山县仓敷市本町 7-2
仓敷国际酒店竣工：1968 年｜所在地：冈山县仓敷市中央 1-1-44

3

昭和时代（二战前）

松村正恒

持续关注爱媛县教育事业的建筑师

深受孩子们喜爱的建筑师

当松村设计的学校建筑被拆除时，他被邀请参与了告别仪式［平成二年（1990）新谷初中木制学校建筑告别会，平成三年（1991）狩江小学木制学校建筑告别会］，并与孩子们一同分享在旧校舍度过的最后时光。松村与爱媛县当地社区一直保持着密切联系，他不仅关注学校建筑，也关注教育本身，并思考如何通过建筑来解决教育中存在的问题。想必这就是他能成为深受孩子们喜爱的建筑师的原因吧。

松村正恒逝世前整理了自己的生平和建筑作品，并出版《无休建筑师自笔年谱》一书，这本书的标题饱含着对自己一生工作的深思。

据说，其事务所广告牌上的“建筑师”前也挂着“无薪”或“无休”的字样，松村曾表示“我不承认执照的价值，因此悬挂了这样一个招牌作为抵制”。松村设计的几所学校建筑体现了他试图用建筑实现他的教育理念。

日产王子爱媛销售总部的长檐

日产王子爱媛销售总部是一座钢筋混凝土构造的三层大楼。建筑物前的圆弧形道路确保了流畅的人车动线，销售店建筑被布置在圆形道路的中心，其周围配置了工厂和停车场等设施。销售店是一个三角形平面的建筑，还覆有突出建筑主体约 2.5 米的薄板屋檐。

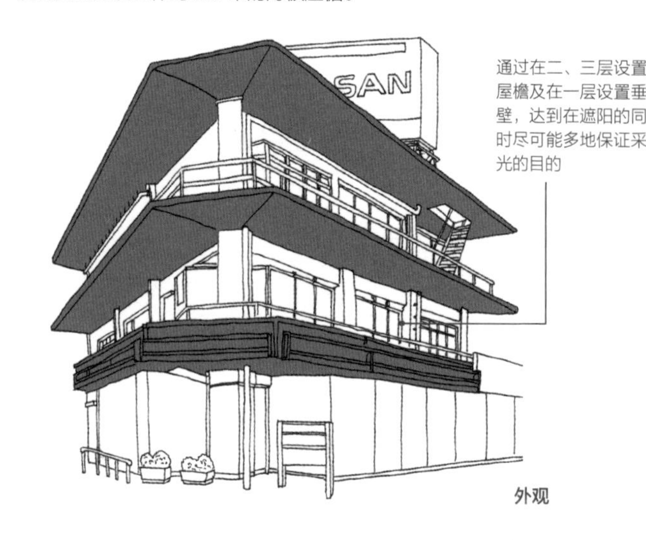

外观

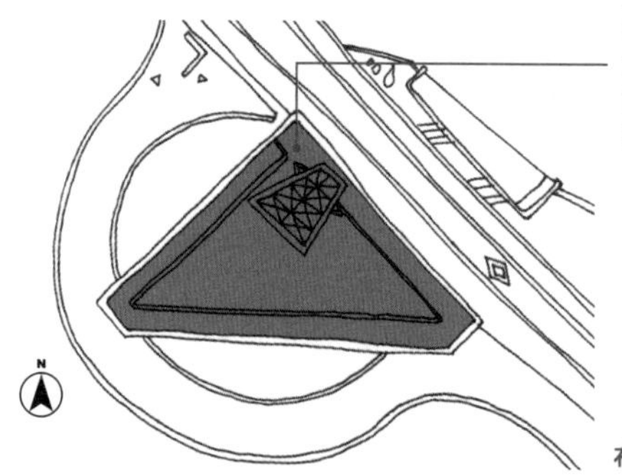

布局图

享受着大自然的日土小学

松村曾在八幡滨市工作过很长时间，日土小学就是他在此地的建筑作品之一。松村对教育设施有着浓厚的兴趣，他的毕业设计就是和幼儿园建筑相关的研究和设计，其理想是改变学校的环境和教育。因此，他在八幡滨市活动的时候，特别积极地致力于学校建筑的设计。

虽然教室像普通学校一样并排布置，但走廊却是与教室保持了一定距离的分离式布局，从而达到保证采光的效果，并通过走廊将房屋连成长长的建筑群

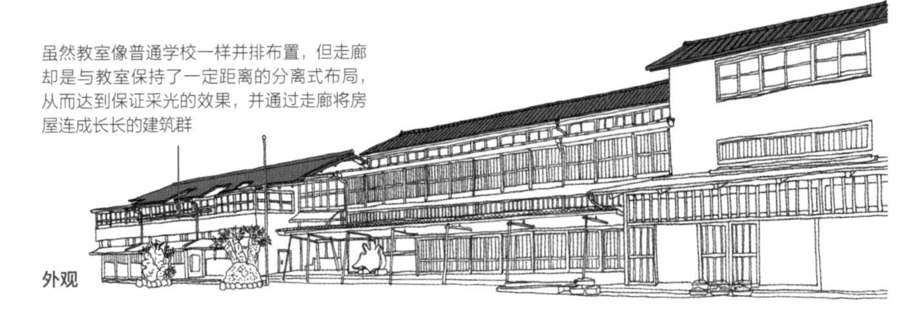

外观

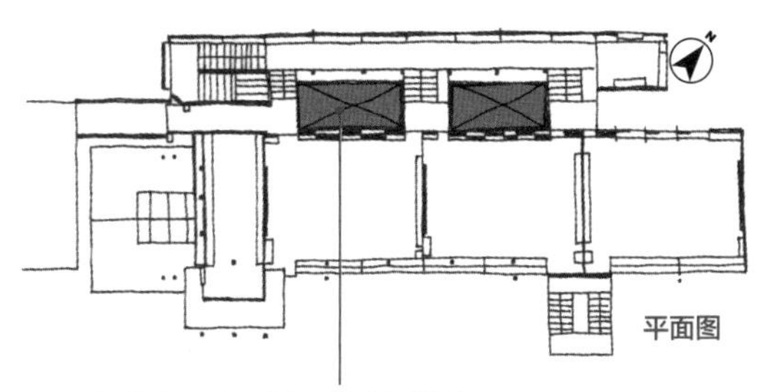

平面图

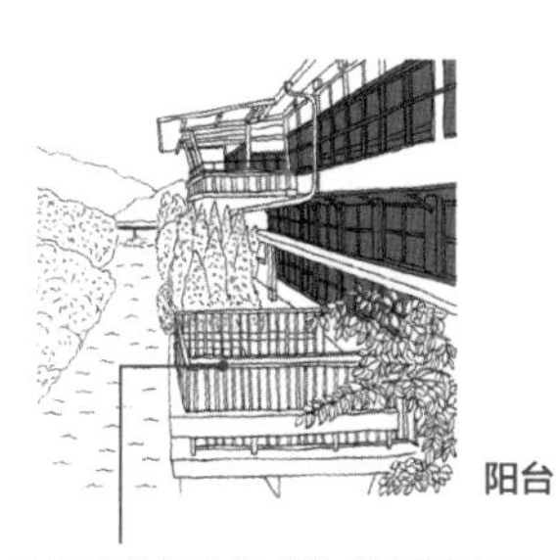

阳台

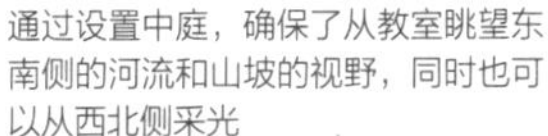

通过设置中庭，确保了从教室眺望东南侧的河流和山坡的视野，同时也可以从西北侧采光

松村对教室的选址描述道：“早樱落星台，橘香皋月乘南风，吹梦到斋阁，萤火染夏宵，柑橘黄，柿林红，秋叶沉冬河。”

人物关系图

土浦龟城　竹内芳太郎

今和次郎　藏田周忠

松村正恒

松村正恒形容土浦为“手把手教导学生的老师”，形容竹内为“恩师”，形容今和为“人生导师”。另外，松村在武藏高等工科学校（现东京都市大学）的时候受到了藏田周忠的指导，也将其视为“恩师”。

1913 年　1 月 12 日生于爱媛县人洲市

1932 年　武藏高等工科学校（现东京都市大学）入学

1935 年　武藏高等工科学校毕业，根据藏田周忠的指示在土浦龟城建筑事务所任工匠职务

1939 年　赴中国东北的土浦事务所工作

1941 年　入职农地开发营团兴农部建筑科，并移居新潟，在建筑科长竹内芳太郎的带领下对农村建筑进行调查，并编写了《雪国的农家》一书

1945 年　回到爱媛县

1948 年　入职八幡滨市政府土木科建设科

1991 年　参加狩江小学木制校舍告别会

1993 年　2 月 28 日逝世

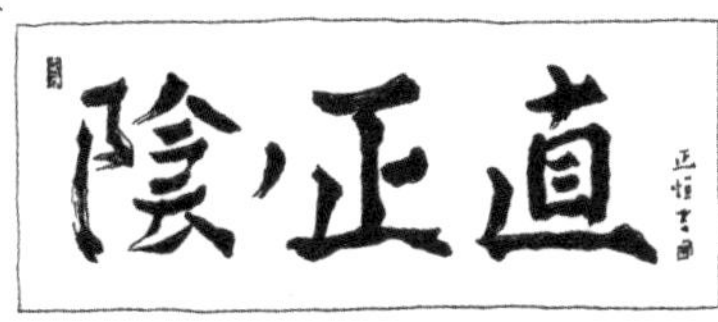

松村正恒的书法作品藏于狩江小学

日产王子爱媛销售总部竣工：1963 年｜所在地：爱媛县松山市福音寺町 261

日土小学竣工：1956 年（中校舍），1958 年（东校舍）｜所在地：爱媛县八幡滨市日土町 2-851

3 昭和时代（二战前）

丹下健三

将日本建筑推向世界的教父

天才的开始

丹下在旧制广岛高中学习的时候，曾在杂志上接触过勒·柯布西耶的作品，此后便立志成为建筑师。昭和二十六年（1951），他受恩师前川国男及法国建筑师何塞普·路易·塞特的邀请，参加了在伦敦召开的第八届国际现代建筑会议（CIAM），这是他的首次海外旅行，在会议上他参与了广岛规划竞赛方案的讨论。也是在那里他遇到了他所敬爱的柯布西耶，他曾回忆道："当自己尊敬的人在面前时，果然会更加感动一些。"

如果说辰野开创了日本的建筑界，那么将日本的建筑推向世界的就是丹下。他于昭和十八年（1943）十月的盘谷日本文化会馆设计竞赛中获得第一名，虽然规划和建筑最终都没有实现，但却将丹下的存在昭示于天下。

之后因昭和二十四年（1949）在广岛和平纪念公园及陈列馆规划设计竞赛中获得第一名，丹下闻名于世界。他将建筑定位在城市中而不是单独关注建筑本体的想法影响了许多建筑师。

丹下设计的今治公共设施群

今治市现存的市政厅、公会堂、市民会馆、第1别馆、第2别馆等都是丹下的作品。

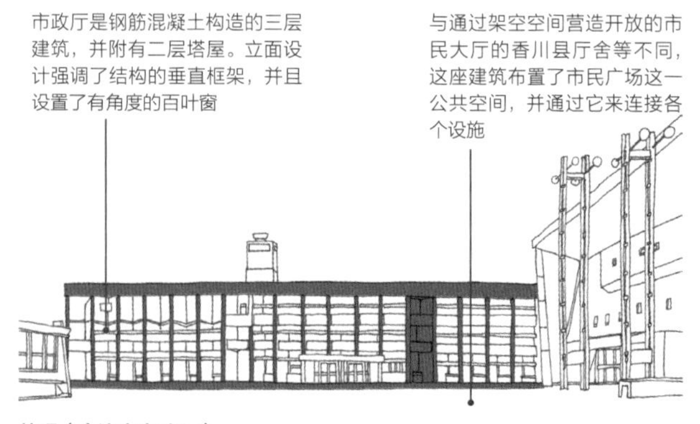

外观（今治市市政厅）

1913年　9月4日生于大阪府堺市
1935年　东京帝国大学工学部建筑学科入学
1938年　东京帝国大学工学部建筑学科毕业，毕业设计"艺术城堡"（"CHATEAU D' ART"），入职前川国男建筑事务所
1941年　从前川国男建筑事务所离职，进入东京帝国大学研究生院就读，在由日本建筑协会赞助的"国民住宅"竞赛设计中获一等奖
1946年　东京帝国大学博士课程毕业，任东京帝国大学工学部建筑学科副教授
1949年　广岛和平纪念公园及陈列馆规划设计竞赛一等奖 [昭和三十年（1955）竣工]
1959年　获得东京帝国大学授予的工学博士学位，同年获法国的建筑杂志《当今的建筑》(《L' architecture D' aujourd' hui》) 评选出的第一届国际大奖（东京都厅及草月会馆）
1961年　发表"东京计划1960结构改革提案"，成立丹下健三 + 都市建筑设计研究所
1963年　任东京大学工学部都市工学科教授
1974年　从东京大学退休，任该大学名誉教授，任丹下健三·都市·建筑设计研究所董事长
2005年　3月22日逝世

从空中的视角构思建筑

广为人知的广岛和平纪念公园的规划及作为主要设施的广岛和平纪念资料馆（重要文化遗产）都是丹下健三的代表作。昭和二十四年（1949）八月六日基于“广岛和平纪念都市建设法”的制定，决定在位于原子弹爆炸中心的原爆圆顶馆附近建设一个和平公园。在制定“广岛和平纪念都市建设法”之前，于昭和二十四年（1949）七月举办了广岛和平纪念公园及陈列馆的设计竞赛，丹下的方案在这次竞赛中获得了一等奖，基于该方案的建设于昭和三十年（1955）八月竣工。

外观

本馆是一座端正的现代主义建筑，在建筑的底层有一层高的架空空间，从中可以看出柯布西耶的影响

透过架空空间，可以看到其后的原爆圆顶馆

会场的立面具有现代主义风格的同时配以日本建筑的木质纹理设计，增添了精致感

从和平大道望过来时，视线穿过支撑着中央陈列馆（广岛和平纪念资料馆）的架空空间，可以直接看到位于同一轴线上的纪念碑和原爆圆顶馆，这一规划被称为“都市祈祷轴线”

据说当时的市长滨井信三提议将这块三角形土地作为和平公园保存

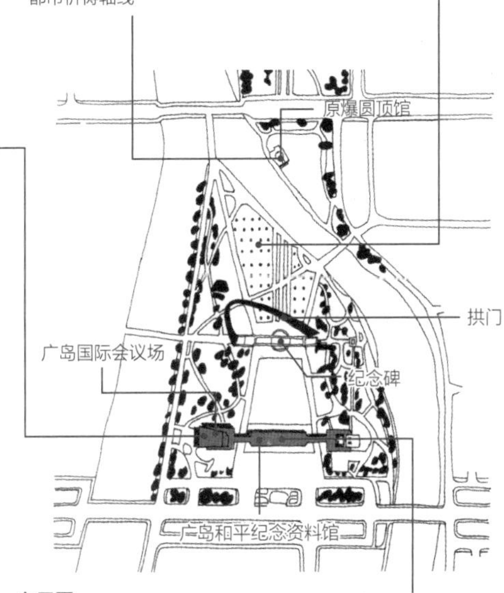

布局图

原爆圆顶馆在平成八年（1996）被登记为世界遗产之前，随时都有被拆除的可能性，而将其置于轴线中心的整体规划则对其保存产生了重大的影响。据说将原本位于公园外的原爆圆顶馆置于规划的中心，是希望将其作为悲惨的象征以警醒后世。这项连接了城市和建筑的规划让人感受到新时代的开始

人物关系图

岸田日出刀 — 前川国男
丹下健三
矶崎新

岸田日出刀是丹下的老师。丹下曾在岸田研究室工作学习，培养出了前川国男和滨口隆一等人的岸田研究室，可以说是日本近代建筑史上重要的研究室。丹下在前川事务所任职的那段时间，也经常来往于坂仓事务所。丹下研究室也培养出了一些优秀的建筑师，矶崎新就是其中的代表之一。

今治市市政厅竣工：1958 年｜所在地：爱媛县今治市别宫町 1-4-1
广岛和平纪念资料馆竣工：1955 年｜所在地：广岛县广岛市中区中岛町 1-2

增田友也

拓展建筑『京都学派』思想的教授

从现象学中捕捉建筑

接受过增田指导的渡部贞清说：“在重新对建筑理论的学术进程进行审视时，建筑理论的学术进程是始于森田先生其基于西洋古典学的建筑论，之后发展到增田先生以现象学的存在论作为方法论的建筑论，每每想到这里，便觉得森田先生的逝世真是让人感觉到十分悲伤与失落。”森田的研究从古典学开始，而增田则是一位关注更早之前的建筑空间的起源，并精密地开展建筑理论的研究者。

增田在森田庆一的指导下进行建筑论的研究，并在森田退休后继承了他的理论研究。增田也是一名通过充满活力的创作活动，将理论与实践结合的建筑师。

他在培养优秀建筑理论研究人员的同时，还培养出了一些有名的建筑师。从这个意义上说，增田是一位比森田更积极地参与到后辈培养中的人物，从目前为止的传承来看，他可谓是京都学派建筑论的奠基人。

现代主义寺院：智积院会馆

智积院会馆是从整体构思到细节把控均由增田主导的作品，是增田参与度特别高的代表作之一。上田信也和白井刚负责该建筑的设计，而结构方面由后来成为京都大学名誉教授的若林实负责。所谓智积院会馆其实就是真言宗智山派总本山智积院的宿坊※，同时也可供一般人使用。

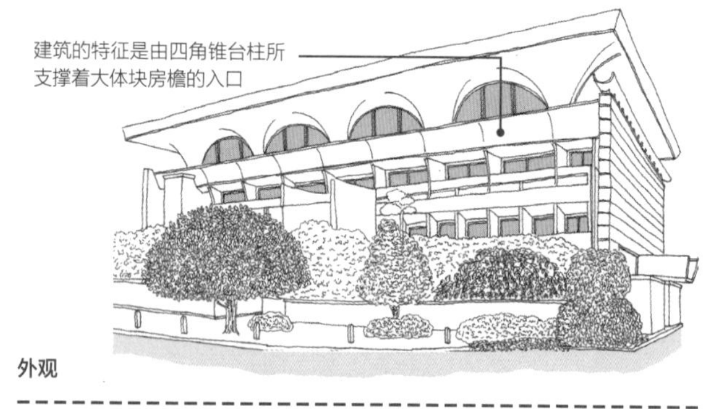

外观

1914 年　12 月 16 日生于兵库县淡路岛
1935 年　京都帝国大学工学部建筑学科入学
1939 年　京都帝国大学工学部建筑学科毕业
1945 年　战争结束后被扣留在苏联西伯利亚
1950 年　返日后，任京都帝国大学工学部建筑学科讲师
1956 年　获得工学博士学位（京都帝国大学）
1958 年　任京都大学副教授，接替森田教授福井大学的“西洋建筑史”课程
1963 年　任京都大学教授（建筑设计）
1978 年　年满退休，任京都大学名誉教授
1980 年　任福山大学工学部建筑学科教授
1981 年　8 月 14 日在生活环境研究所逝世

鸣门市文化会馆

※ 供云游僧侣歇脚暂住的场所。

彰显博大包容氛围的京都大学综合体育馆外墙

京都大学综合体育馆是钢架钢筋混凝土构造的地上三层、地下一层的建筑，是增田的代表作。该建筑作为京都大学建校 70 周年纪念工程之一，得到了京都大学相关人员的资助，并于昭和四十七年（1972）三月九日建成，随后被京都大学建校 70 周年纪念事业后援会赠送给京都大学。因此，该建筑当初被称为京都大学建校 70 周年纪念体育馆。（计划初期阶段的设计负责人是田中光，之后由前田忠夫负责；结构设计则是由后来成为京都大学名誉教授的金多洁负责）

相关人物
森田庆一▼86页

外观的装饰柱中的网格状部分是在勒·柯布西耶的昌迪加尔规划以及马赛公寓等建筑中可以见到的遮阳装置。这种设计也像应用在冲绳地区建筑物的防暑用花砖一样，被布置在窗户和墙壁前，起到遮阳的作用

外观

增田反复强调："所谓的空间就是身体的延伸，即两臂张开时腋下也随之展开的部分。"该建筑尽情地伸展双臂，包容一切访客的立面结构或许是增田毕生探索的"空间之物"的具体化体现吧

人物关系图

增田友也
- 加藤邦男
- 川崎清
- 前田忠直

增田是一位通过积极的创作活动深化理论并与实践相结合，而因此被人们所熟知的建筑师。他的学生中不仅有研究人员，还有很多建筑师，其中特别有名的有加藤邦男、川崎清、前田忠直。高松伸是川崎清的学生，也是增田的徒孙。根据市川秀和的研究，增田的思想可以分为以下几个阶段：从昭和二十五年至三十九年（1950—1964）的空间论，从昭和三十九年到四十六年（1964—1971）的风景论及从昭和四十六年至五十六年（1971—1981）的存在论。

体育馆的周围由平台（屋顶花园）和庭园（中庭）构成。因为平台被设置在比道路表面和空地高一层的位置，因此这个平台被视为屋顶花园

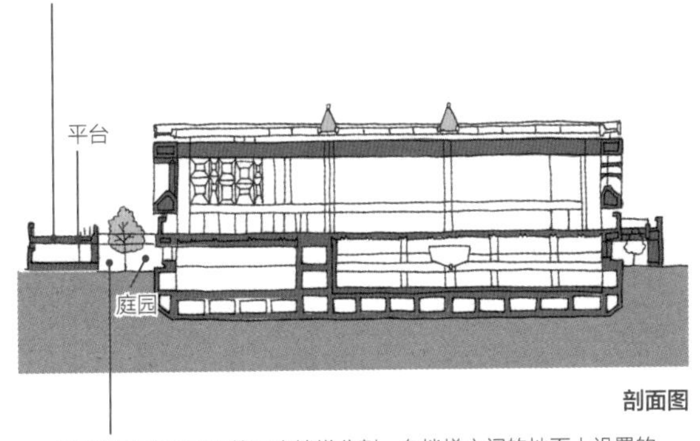

剖面图

平台被体育馆正面的三个楼梯分割，在楼梯之间的地面上设置的石庭成了庭院（中庭）

智积院会馆竣工：1966 年｜所在地：京都市东山区东瓦町 964 东大路七条下
京都大学综合体育馆竣工：1972 年｜所在地：京都府京都市左京区吉田泉殿町

3

昭和时代（二战前）

吉阪隆正

持续探索团队合作方法的教育者

吉阪与今和次郎

吉阪继承了今和次郎的居住学课程，在“从住宅学到有形学”中谈到“所谓的人类生态学可以说是对住房的研究”，但要面对的不是自然，而是一个以人造环境为对手的新世界，因此探讨人造的形状，探索人造的形状，探究形状中的反应，以及探明后要怎么建造建筑才好等问题，对于想在未来创造幸福来说是必要的。

吉阪隆正是今和次郎的学生，自幼在瑞士等海外国家长大。在那个时代，他是一位拥有相对罕见生活经历的建筑师。

吉阪的活动不仅限于农村和城市规划等的研究及大学研讨会等的设计课题，在大学阶段，他还参加冒险活动，例如他作为早稻田大学阿拉斯加麦金利考察队的队长进行过穿越北美西海岸等活动。作为吉阪研究室及U研究室的领军人物，培养出了众多的建筑师学生。

拥有标志性 A 形柱的江津市市政厅

江津市市政厅为钢筋混凝土构造的五层建筑，并附有四层塔屋。该建筑由底层架空的 A 栋、楼层较高的 B 栋以及背面有消防车库的 C 栋组成。

A 栋的特征是由 A 形巨大的支柱构成的架空，该结构采用参考了桥梁技术的预应力混凝土建造的支柱

由 A 形柱构成的架空空间被设置为以沟通为目的的市民广场

外观

1917 年　2 月 13 日生于东京小石川
1920 年　因父亲的工作关系前往瑞士洛桑（1923 年返日）
1929 年　因父亲的关系再次前往瑞士日内瓦
1932 年　和家人赴英国，在爱丁堡大学教授家独自寄宿约一年
1933 年　从瑞士日内瓦国际学校毕业后返日
1935 年　早稻田大学高等学院入学
1938 年　早稻田大学入学
1941 年　早稻田大学建筑学科毕业，任该学科教务助理，同木村幸一郎一起参加北千岛学术调查队
1942 年　任日本女子大学住宅学科讲师，响应号召服兵役
1945 年　战争结束从朝鲜光州返日
1949 年　任早稻田大学第一和第二理工学部助理教授
1950 年　作为法国政府公费留学生前往法国，直至 1952 年，在勒·柯布西耶的工作室工作，出版《住宅学泛论》

雅典娜法语学校

神奇的倒金字塔形状：大学研讨会大楼主楼

这是一处在十一年间进行了七期工程的设施。饭田宗一郎提议建设一个可以让老师与少数学生在同吃同住的同时相互学习，从而加深交流的研讨会大楼。为了实现这个计划，饭田在商界和教育界不断奔走寻求资助，后于昭和三十六年（1961）设立了大学研讨会大楼基金会，于昭和四十年（1965）完成了以主楼为代表的宿舍[平成十七年（2005）大部分被拆除]、研讨室、中央研讨室等第一期工程。

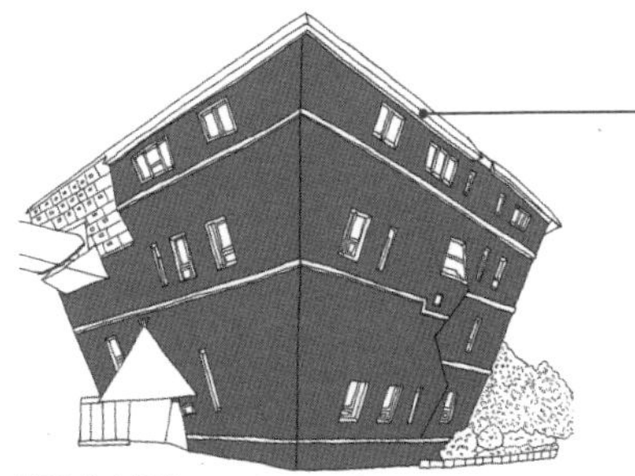

像是将顶部插入地面的倒置金字塔形状的主楼相当有名。通过从视觉上反转力学作用，可以减轻结构的厚重感。同时，倾斜的墙壁起到了作为窗户屋檐的作用

外观（主楼）

吉阪说：“新的大学就如同镶嵌入柚木之丘一般”，该建筑的造型及构造打破了原有的即成概念，同时对于从高校到大学，再从大学进入社会的学生所感受到的漠然和不安全感，这座建筑暗示着一种只要脚踏实地，就能够立足的感觉

剖面图（主楼）

以本馆为顶点，利用斜面沿等高线并排建造住宿楼、中央研讨馆、服务中心、讲堂、图书馆、教师馆等

外观（松下馆）

人物关系图

勒·柯布西耶

吉阪隆正

U 研究室　象设计集团

日本的象设计集团的建筑师（重村力、富田玲子、樋口裕康、大竹康市），早稻田大学教授后藤春彦、渡边洋治（作为助手在编）、斋藤裕子、岛田幸男等均出身于吉阪研究室以及 U 研究室。

（接左表）

1952 年　回到早稻田大学任教，任日本冰雪学会理事
1955 年　任日本建筑学会南极建筑委员会委员
1959 年　任早稻田大学理工学部教授，任日本冰雪学会常任理事
1960 年　作为早稻田大学阿拉斯加麦金利队队长，穿越北美西海岸
1964 年　早稻田大学产业技术专修学校开设后，被任命为建筑学科主任，成立 U 研究室
提到吉阪就不得不提到吉阪的 U 研究室。1954 年吉阪在大学内创建了名为“吉阪实验室”的设计组织，这也被理解为所谓的工作室系设计事务所。后来这个研究室才被更名为 U 研究室，原因是在 1966 年的时候，吉阪在都市计划专业也创建了研究室，为了避免两个研究室混淆，故将原研究室改名
1967 年　任日本建筑学会农村计划委员会委员长
1969 年　任早稻田大学理工学部部长
1973 年　任日本建筑学会会长兼学会奖委员会委员长
1974 年　任日本生活学会会长
1978 年　任早稻田大学专门学校校长
1980 年　12 月 17 日逝世

江津市市政厅竣工：1962 年｜所在地：岛根县江津市江津町 1525
大学研讨会大楼竣工：1965 年｜所在地：东京都八王子市下柚木 1987-1

3

昭和时代（二战前）

芦原义信

从部分到整体，准确把握尺度和比例的达人

整体构想和部分构想

芦原将建筑规划定义为整体构思和部分构思两种：如帕特农神殿、金字塔和柯布西耶的建筑属于整体构思，而阿尔托的建筑、桂离宫和数寄屋建筑则属于部分构思。整体构思是首先确定造型比例、匀称、左右对称，然后将内容塞进去创造建筑的方法，是减法建筑。部分构思则是通过积累必要的部分来创造建筑的方法，它是一个建筑加法的过程。整体构思的建筑如果规则性太强的话，那么正面性和对象性难以成立。部分构思的建筑如果规则性太强，就无法与很好地整体结合起来。

芦原曾跟随马塞尔·布劳耶学习，在自己独立之后，在昭和三十九年（1964）以作为东京奥运会第二会场的驹泽公园为开端，芦原开始从事城市规划与景观设计这一建设工作。他被东京都选为摔跤体育场、纪念塔台的外部结构的设计者。

同时他也作为建筑和城市理论家而广为人知，在《街道的美学》中他提到“建筑的构成并不仅仅取决于建筑本身，还取决于与街道及城市的关系”，这样的观点给予后辈深远的影响。

重新诠释五重塔的塔台

相轮位于驹泽公园塔台（奥林匹克纪念塔）的顶部，作为顶冠及明确中心的核心管而存在，并且在形态上继承了传统五重塔的形态。但这样的设计可能只起到象征性的作用，因为五重塔的内部几乎没有任何功能。

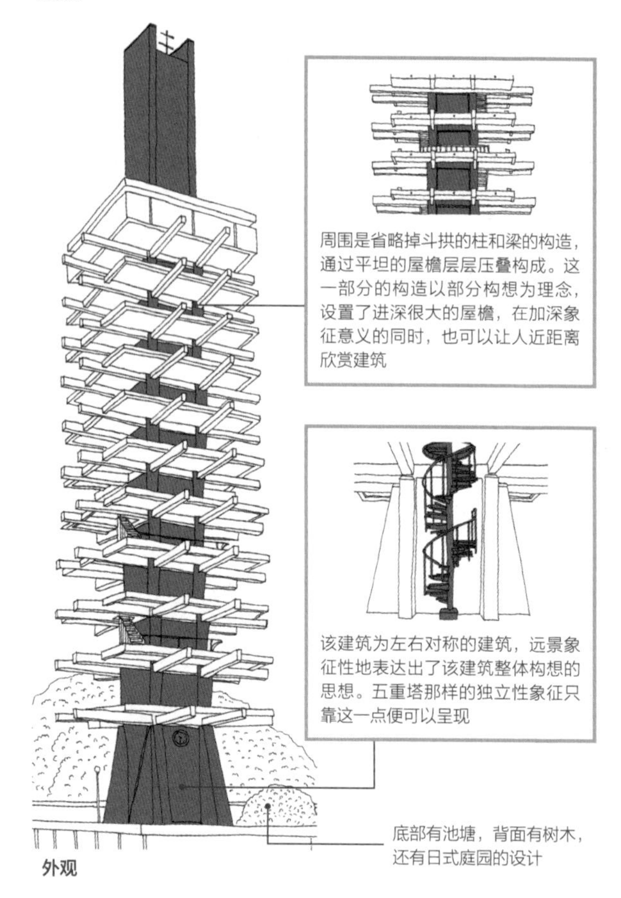

外观

蕴含环保理念，充满活力的驹泽体育馆

驹泽体育馆作为东京奥运会的设施而被规划，主体为钢架钢筋混凝土构造，屋顶为双曲抛物面壳结构，该建筑于昭和三十九年（1964）竣工。

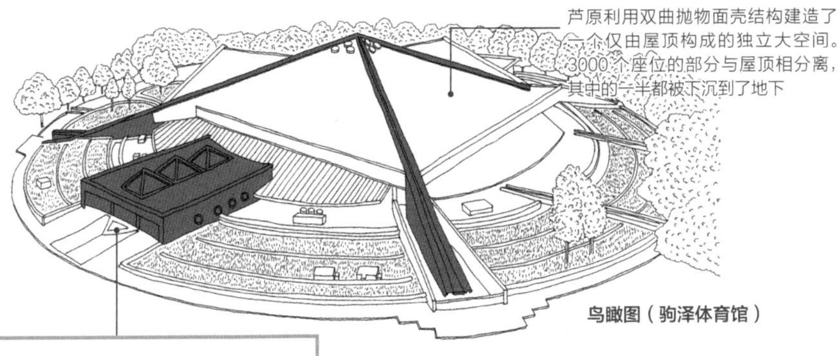

鸟瞰图（驹泽体育馆）

平面图

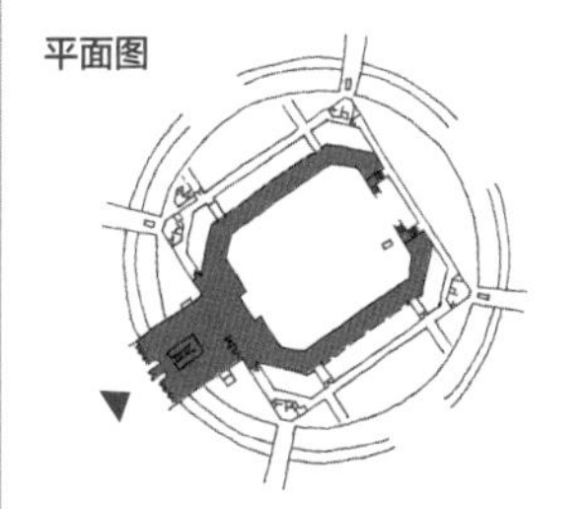

从外部广场的地面层进入体育馆内部时，随着观众座位开始下沉到地下，体育馆的巨大空间在眼前展开。此外，由于外观的高度被降低，建筑能很好地融入周围的环境

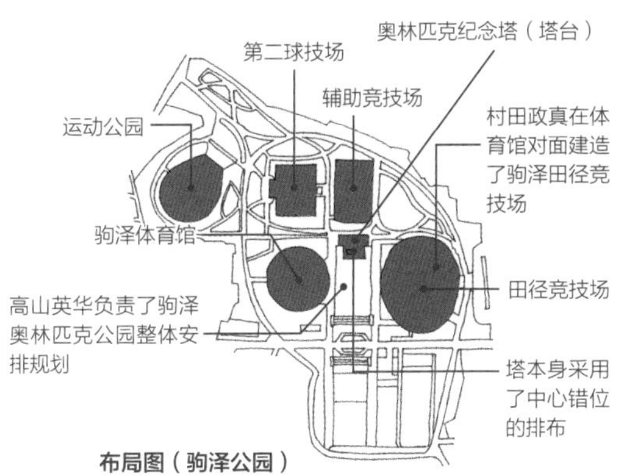

布局图（驹泽公园）

人物关系图

马塞尔·布劳耶
芦原义信
芦原太郎
广部刚司

芦原义信在师从美国近代建筑大师马塞尔·布劳耶学习现代主义的同时，也进行着著作翻译等工作。他也在坂仓准三的手下工作过一段时间。建筑师芦原太郎是他的长子。他的学生广部刚司作为住宅建筑师长期活跃在建筑界。

1918年 7月生于东京新宿区
1942年 东京大学工学部建筑学科毕业后，以海军技术士官的身份入伍
1945年 在坂仓准三建筑事务所、现代建筑研究所等单位工作
1952年 作为美国政府留学生赴美，就读于哈佛大学设计系研究生院
1953年 在哈佛大学设计学院获得硕士学位，在纽约马塞尔·布劳耶事务所工作
1956年 创立芦原义信建筑设计研究所，设计中央公论大厦
1959年 任法政大学工学部教授（至1965年）
1960年 获1959年度日本建筑学会奖（中央公论大厦）
1961年 获工学博士学位（东京大学）
1965年 获日本建筑学会特别奖（驹泽公园体育馆和塔台），任武藏野美术大学教授（至1980年）
1966年 设计银座索尼大厦
1970年 任东京大学教授（至1979年），获美国NSID Golden Triangle奖
1979年 获每日出版文化奖（《街道的美学》），续任武藏野美术大学教授（至1989年），美国建筑师协会名誉会员
1980年 任日本建筑家协会会长（至1981年）
1985年 任日本建筑学会会长（至1986年）
1988年 任日本艺术院会员，任日本建筑学会名誉会员
1990年 设计东京艺术剧场
1994年 出版《东京的美学混沌与秩序》
2003年 设计国立科学博物馆新馆，于9月逝世

驹泽公园塔台和驹泽体育馆竣工：1964年｜所在地：东京都世田谷区驹泽公园1-1

专栏

木匠与拟洋风建筑

拟洋风建筑指的是日本的木匠到访横滨等外国人居留地后，用日本的传统技术模仿那里的西式建筑而建造出的富有创意的建筑。明治十二年（1879）起辰野金吾等日本建筑师在深入地学习西式建筑的形成背景与结构理论基础上，并接触了当地的实物后建造出的建筑被称为洋风建筑，与由木匠们建造的仅靠模仿西式建筑外观的拟洋风建筑是不同的。有名的拟洋风建筑有山梨县令藤村紫朗带领木匠们建造的藤村式建筑（旧睦泽学校校舍、旧东山梨县群役所等），以及担任过山形县令的三岛通庸命木匠高桥兼吉等人建造的欧化主义建筑（旧济生馆、旧西田川郡役所等）。

新庄市芦泽的消防小屋

20 世纪 30 年代

以朝阳为主题的设计营造出某种西方风格的氛围

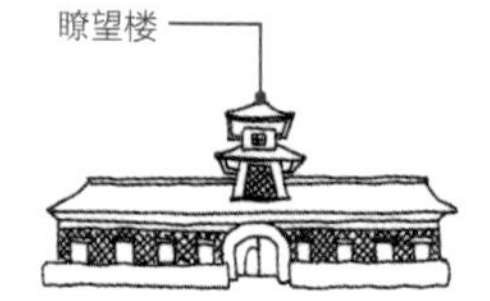

旧新泻海关官厅

1869 年

洋风建筑外观的瞭望楼。已被指定为重要文化遗产

藤森照信在《拟洋风建筑匠人的想象力来源》中指出了拟洋风建筑的要点:（1）拟洋风建筑并不是模仿失败的产物，而是凝聚了卓越想象力的产物；（2）从拟洋风建筑中可以观察到“疑似性”和“奇想性”，而“奇想性”是十分难得的东西;（3）木匠大师们这种想象力的绽放是基于自江户时期以来的积累。（2）中的“奇想性”暗示着一种不拘泥于形式的特殊美感。

虽然拟洋风建筑的时代在明治二十年（1887）就已经结束了，但到了昭和年代出现了由它所衍生出来的建筑。建筑史学家村松贞次郎认为看板建筑就是由拟洋风建筑演变而来的，并表示“看板建筑表现出了建筑的传承性，说它们是具有历史意义的第二代拟洋风建筑也不为过”。看板建筑是由藤森照信和堀勇良命名并定义的建筑，指的是在关东大地震之后出现的在店铺正面板子上贴上兼具装饰功能和防火性能的铜板、砂浆、瓷砖等装饰材料的建筑。村松指出昭和初期由木匠使用传统技法设计立面并由木匠亲手建造的店铺建筑在日本全国范围普及。例如从位于山形县新庄市芦泽地区用来收纳消防泵的消防小屋（由木匠海老名正雄设计）中就可以看到类似设计。从技术上讲，它融合了传统建筑方法和西式技术，具有隐约呈现出洋风风格的外观，因此可以说它是第二代拟洋风建筑。

4

昭和时代（二战后）

昭和二十年代中期开始，以谷口吉郎和丹下健三等人为中心的建筑活动正式展开。另外，在东京高速发展的背景下，东孝光和菊竹清训等人提出了关于都市住宅的概念，设计出了作为小户型住宅先驱的“塔之家”和适合于家庭的“空中住宅”等名作。同时该时期也是新陈代谢运动（起源于日本的现代建筑运动，在二十世纪六十年代最有影响力）发展的时期，在新陈代谢运动中诞生了芦原义信等人设计的东京奥运会相关设施和黑川纪章等人设计的大阪世博会等设施。具有特色的建筑学教育也在大学和职业学校里得到了更多重视。

4

昭和时代（二战后）

大谷幸夫

继承丹下主义的同时以建造社会派的建筑为目标

战后飞跃时期的丹下健三的主要建筑作品大谷几乎都有参与，他还是丹下研究室的主管，是丹下主义的正统继承者。

另一方面，大谷很反感经济高速增长时期对历史建筑的破坏，他为小樽运河沿岸的历史建筑群、街区及景观的保护工作所发表的相关言论展现出了他作为社会派建筑师的一面。他的设计风格是运用流动造型的混凝土来稳固支撑建筑。

通过建筑确立人的尊严

大谷没有那种要自己控制建筑的方方面面来进行设计的想法，他坚持要给新一代建筑师保留一些空间想象的自主性。在金泽工业大学被授予日本建筑学会奖时，大谷发表了关于对未来留有余地的思考："如果强制决定'现在本不能决定的事情'或'还不能够被决定的事情'就会扭曲和抑制探索丰富未来的可能性，因此对于这些事情需要慎重考虑。"

金泽工业大学北校区

大谷在设计时，将建筑和城市的文脉结合在一起，并且他还综合考虑了两者的复兴与发展。他在探明城市的整体情况后，采用了基于其总体框架和方向来规划各个部分的方法论。而且他还在官方总体规划没有确定的情况下，通过联系和修正各节点的计划来引导校园体系的建设，从而贯彻执行部分引导整体的方法论。

会议室和图书馆被设置在了校区里侧的标志性塔楼里。制定建设计划时，三期工程的作用是连接和补充一期和二期工程，以这样的方式推进计划，构筑出良好的校园环境

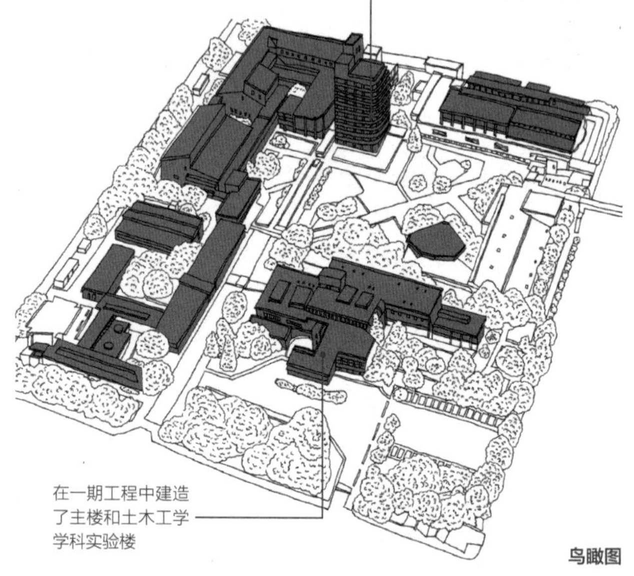

鸟瞰图

覆盖并整体保存了原址建筑的千叶市立美术馆

千叶市立美术馆以使用新方法保护和再利用历史建筑而闻名，建筑为地上十二层，地下三层，内部设置了中央区役所。美术馆的新建规划用地上存在有矢部又吉设计的旧川崎银行千叶支行，为了使其保存下来，大谷提出了将原有建筑全部包含到新建建筑中的想法，并成功实现。

新建筑是一个呈阶梯状指向天际的外观造型

被包含在内部的原有建筑是新文艺复兴样式的。该市政府当初似乎只考虑保存原有建筑的一部分，不过由于将设计全权委托给了设计委托者选定委员会，因此原有建筑整体都得以保留

外观

修建时先将旧川崎银行暂时转移到了用地中的其他位置，在完成新建筑的地基等构造体后再迁回原址。并且新建筑还可以在结构上加强旧建筑

采用了被称为“鞘堂”的更新方法，就是在全面保留旧建筑的同时，用新建筑覆盖原有建筑。该方法因中尊寺金色堂的覆堂而闻名，这种方法起源于在暴风雨天气中保护建筑物的做法

剖面图

人物关系图

丹下健三——大谷幸夫

丹下健三——冲种郎

丹下健三——浅田孝

丹下为完成战争复兴院委托的复兴计划，在遭受核爆后的广岛建造了简陋小屋并长期居住在那里，大谷、浅田孝和石川允等人与丹下一同前往该地，并参与了调查研究工作。大谷和冲种郎是在丹下研究室的同学，他们一同成立了设计联盟。

1924 年	2 月 20 日出生于东京都港区
1946 年	毕业于东京帝国大学第一工学部建筑学科，以研究生院特别研究生的身份进入丹下健三研究室
1951 年	在丹下健三研究室研修
1960 年	成立设计联盟
1964 年	任东京大学都市工学科副教授
1966 年	设计国立京都国际会馆
1967 年	成立大谷研究室
1969 年	设计川崎市河原町高层公营住宅社区
1971 年	任东京大学工学部都市工学科教授
1983 年	兼任千叶大学工学部建筑系教授
1984 年	任东京大学名誉教授
1987 年	设计冲绳会展中心
1989 年	从千叶大学退休
1994 年	获日本建筑学会奖
2013 年	1 月 2 日逝世

金泽工业大学北校区竣工：1967—1982 年｜所在地：石川县野野市市扇丘 7-1
千叶市美术馆竣工：1995 年｜所在地：千叶县千叶市中央区中央 3-10-8

4 大高正人

在人造土地上创造新的街区

昭和时代（二战后）

群体造型

“群体造型”的概念是提倡通过自由地建造一些建筑单体最后构成全新秩序的建筑群的方法。众多居民所生活的城市中，世代不断交替循环，历史不断累积。大高认为在这样的城市中多重性和积聚性不断产生的同时，需要开发能够控制统筹城市整体的系统来创造更好的环境，并以此为基础不断激励及促进人们的自由创造，正因如此，他不断寻求摸索整合个体和全体的建筑系统。

大高不仅仅是前川国男建筑事务所最优秀的建筑师，也是影响世界的日本建筑运动（新陈代谢运动）的几位发起人之一。他于昭和三十七年（1962）开始从事独立的设计活动。他不仅设计并实现了人造土地计划的名作“坂出人造土地”，同时也完成了作为核爆贫民窟（为因核爆而失去家园的人们建造的应急住宅）的广岛基町长寿园高层公寓一期的建设。

并且还从事了很多公共设施的设计，他也因为负责了很多农业协同组合（现日本全国农业协同组合联合会）的设施设计而广为人知。

结构引人注目的新居滨农协本馆

该建筑是钢筋混凝土构造的三层建筑，拥有引人注目且强有力的构造。一层和二层由八根柱子支撑，并加入了粗梁框架，还通过突出建筑的中央部分来减弱柱子的体量感。同时通过梁穿过连接部分的造型来引导人们的视线向上移动。

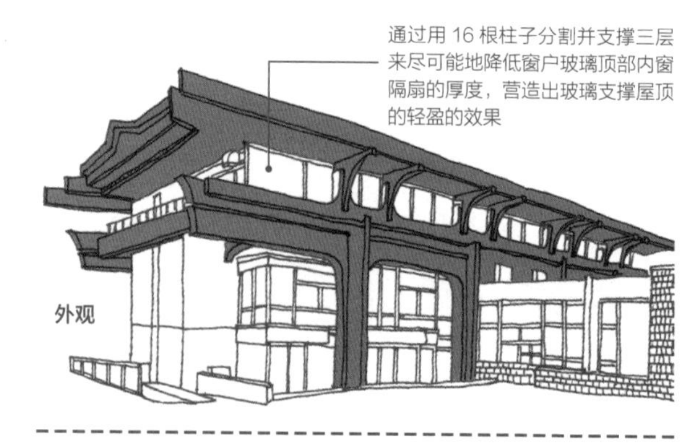

- 1923 年　9 月 8 日生于福岛县田村郡三春町
- 1944 年　旧式浦和高等学校毕业，东京大学工学部建筑学科入学
- 1947 年　东京大学工学部建筑学科毕业
- 1948 年　入职前川国男建筑事务所
- 1960 年　在该年的世界设计会议上，大高、菊竹清训、槙文彦、黑川纪章、川添登、荣久庵宪司、粟津洁等 7 人组成新陈代谢团体，同时出版《新陈代谢 1960》
- 1962 年　设立大高建筑设计事务所
- 1980 年　任都市规划委员会委员长（至 1982 年）
- 1981 年　任计划联盟董事长（至 1991 年），获每日艺术奖（群马县立历史博物馆），任东京大学、九州艺术工科大学、东京工业大学和早稻田大学的兼职讲师
- 1982 年　设计三春町历史民俗资料馆和自由民权纪念馆
- 1993 年　获福岛县外在住功劳者奖
- 2010 年　8 月 20 号逝世

片冈农协

前川国男▼94页

在人造地基上建造住宅的“坂出人造土地”

大高提出了通过实现 PAU（Prefabrication，Art&Architecture，Urbanism）（预先制造，艺术和建筑，城市规划）的完全整合来开拓新功能和空间的思想。据说坂出人造土地构想也源自这一整合思想，但是由于该区域远离工业区，劳动成本比较便宜，将建筑进行现代化发展的基础较为薄弱等原因，P（预先制造）这一想法不得不放弃。

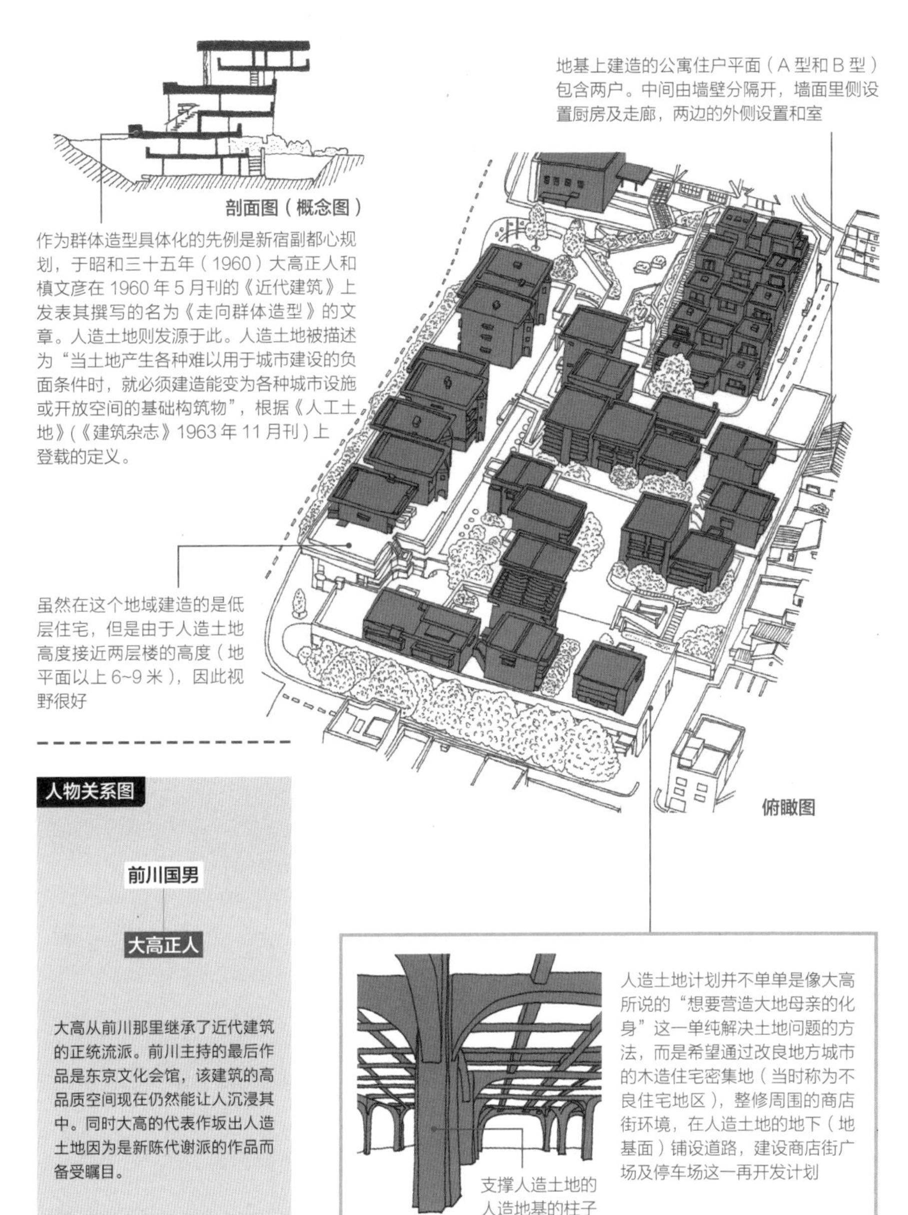

人物关系图

前川国男 — 大高正人

大高从前川那里继承了近代建筑的正统流派。前川主持的最后作品是东京文化会馆，该建筑的高品质空间现在仍然能让人沉浸其中。同时大高的代表作坂出人造土地因为是新陈代谢派的作品而备受瞩目。

新居滨农协本馆竣工：1967 年｜所在地：爱媛县新居滨市田所町 3-63
坂出人造土地竣工：1968 年（一期），1974 年（三期）｜所在地：香川县坂出市京町 2-1

4 昭和时代（二战后）

菊竹清训

用惊人的创作力设计出许多名作

现代大师也惊叹的设计才能

菊竹的学生伊东丰雄曾开玩笑说，那一时期的丹下健三团队是暗藏着矶崎新、槙文彦等人的大联盟，而菊竹的团队则是在菊竹清训一人堪称疯狂的领导才华下才能齐心协力，如同甲子园球员版的团队。并且他还经常回想菊竹那种"将涌上心头的灵感反复推倒重来，仿佛是要永不停歇地动笔设计，想要从自己身体中挖掘出设计"般震撼人心的创作过程。

二战期间接受建筑教育的菊竹是战后第一代建筑师的代表。昭和三十五年（1960），菊竹与丹下团队的黑川纪章、槙文彦等人加入新陈代谢派。

菊竹说，新陈代谢是一个可持续的理论，并且他认为"随着适合日本的环境理念，可重复使用资源的增加，品质会因重复使用而提高"。近年来可持续发展的环境也可说是新陈代谢派的真正目标。

馆林市民中心（旧馆林市役所）的造型之美

当时的官厅建筑所追求的是作为乡土象征，具有纪念性美感，同时兼有公园绿地等综合公共设施的理念。而该建筑的目标则是构成结构上独创性设计的表达。该建筑为混凝土构造地上五层、地下一层的建筑。

外观

1928 年　4 月 1 日生于福冈县久留米市
1944 年　早稻田大学工科建筑学科入学
1947 年　早稻田大学理工学部建筑学科入学
1948 年　入选广岛和平纪念天主教圣堂竞赛设计，获第三名
1950 年　早稻田大学理工学部建筑学科毕业，入职竹中工务店
1951 年　入职村野 · 森建筑设计事务所
1952 年　加入早稻田大学武研究室
1953 年　开设菊竹清训建筑设计事务所
1958 年　设计天空之家，发表《塔楼城市 1958》
1960 年　提倡新陈代谢运动
1961 年　提出"神、型、形"的设计方法论
1970 年　日本世界博览会世博塔及日本世界博览会基础设施的布置 ※
1990 年　获 31 届建筑业协会 (BCS) 奖（川崎市市民博物馆）
1993 年　任早稻田大学理工学研究中心客座教授
1995 年　以题为"轴力圆顶理论与设计"的论文获早稻田大学工学博士学位
2011 年　12 月 26 日逝世

※ 丹下健三、神谷宏治、矶崎新、川崎清、大高正人、加藤邦男、好川博、杉重彦、福田朝生、上田笃、菊竹清训、指宿真智雄、彦谷邦一、曾根幸一、根津耕一郎、尾岛俊雄等都参与其中。

以“可代谢”为目标的住宅——天空住宅（Sky House）

第二次世界大战后，出现了许多关于新家庭住宅方式的计划。其中，作为菊竹清训的自家宅邸而建造的天空住宅，被称为“终极的核心家庭住宅方案”。由于人口的急剧增加和城市化的影响，邻居间可能会互不相识，而该建筑则体现了他试图与战后东京地区社会断绝关系，只有夫妻二人共同生活的强烈意愿。

外观

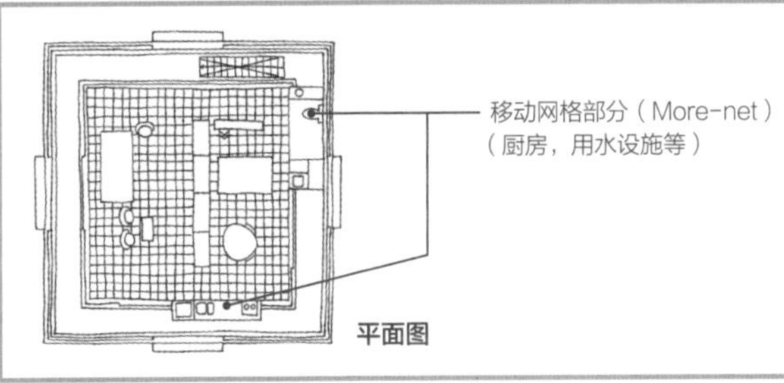

平面图

正如昭和二十年代到三十年代菊竹提出的“更换论”，他试图将自己的住所创造成一个可更换的住宅。即根据孩子的成长来更改儿童房，并通过将厨房和浴室一体化来创造可变性。设计单元被放置在了地板下面

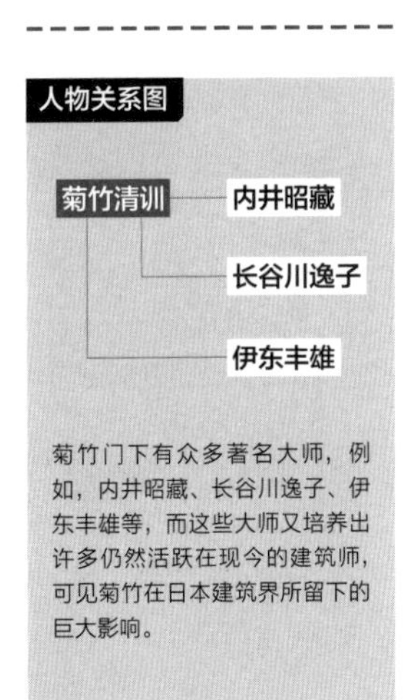

菊竹门下有众多著名大师，例如，内井昭藏、长谷川逸子、伊东丰雄等，而这些大师又培养出许多仍然活跃在现今的建筑师，可见菊竹在日本建筑界所留下的巨大影响。

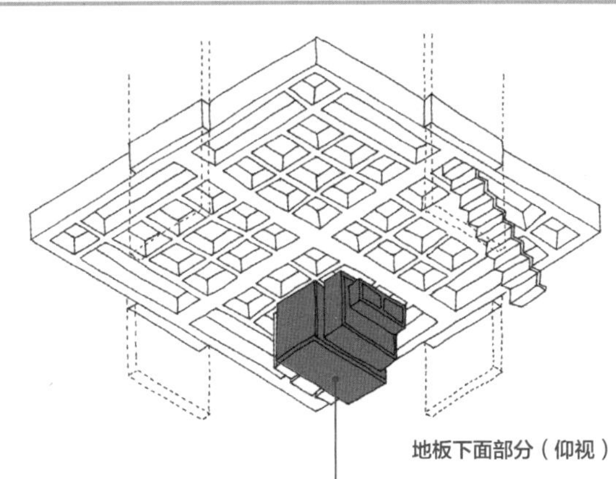

地板下面部分（仰视）

该建筑拥有新陈代谢的意识，即孩子出生及成长时儿童房被移至一层，在孩子独立之后会被拆除，恢复为夫妻二人的住所。因此，该建筑被称为将新陈代谢理论具体化的作品

馆林市民中心（旧馆林市役所）竣工：1963年｜所在地：群马县馆林市仲町14-1
天空住宅（Sky House）：1958年｜所在地：东京都文京区大冢

光吉健次

丹下主义在九州的继承者

考虑城市和农村地区的景观形态

虽然光吉在移居福冈之初对地方性持否定的立场，但在东京急剧现代化浪潮的影响下，福冈的地方特征在不断消失，农村地区也因受现代化的影响，古老的农家不断消失，由此他意识到了地方性或者说是建筑乡土性的重要性。正如“住房作为日本的面貌可能会部分保留在城市景观的悠久历史”中所说的那样，考虑城市的同时，也要注意到历史建筑所拥有的地方性及作用。

光吉多年来持续参与九州各地的城市规划和建筑行政相关工作，特别是在福冈市，他是一位广泛活跃于城市景观、文化、展会基本构想等多领域的建筑师。

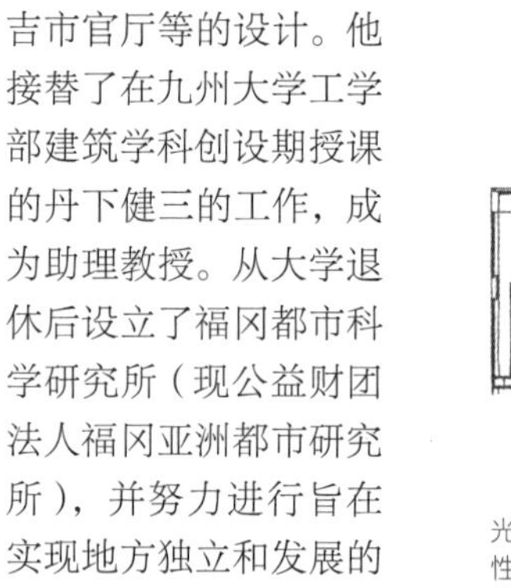

他在东京大学丹下健三的领导下从事了仓吉市官厅等的设计。他接替了在九州大学工学部建筑学科创设期授课的丹下健三的工作，成为助理教授。从大学退休后设立了福冈都市科学研究所（现公益财团法人福冈亚洲都市研究所），并努力进行旨在实现地方独立和发展的调查研究及人才培养的活动。

九州大学50周年纪念讲堂的开放空间

九州大学分别在昭和三十五年（1960）和昭和四十二年（1967）完成了建筑学教室和50周年纪念讲堂。50周年纪念讲堂是为了在校园内举行入学仪式和毕业典礼而设计的设施。设计的要点是如何处理作为封闭空间的礼堂，作为开放空间的食堂，作为隐私空间且又要满足视觉开放感的会议室等功能各异的开放空间和封闭空间的构建设计。

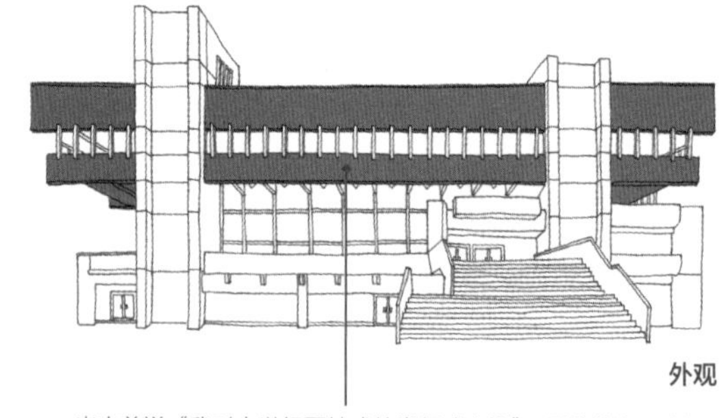

外观

光吉曾说“我对中世纪哥特式教堂很感兴趣”，因此他作品内部的空间构成受到了这方面的影响

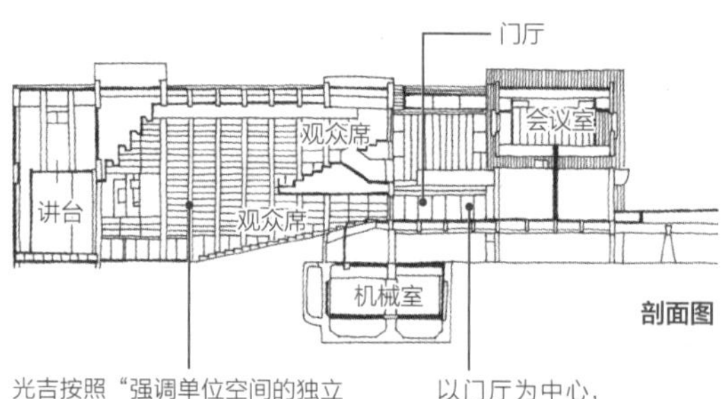

剖面图

光吉按照“强调单位空间的独立性及自主性，并以门厅空间为中心展开各个空间”的概念，以用作交流场所及联络空间的门厅作为主轴来排列会议室及食堂

以门厅为中心，为空间体验的连续性设置了秩序

将各个空间通过大厅有机连接的八女市中央公民馆

昭和四十三年（1968）竣工的八女市中央公民馆是钢筋混凝土构造的三层建筑。设计由光吉及综合建筑设计研究所负责，施工由钱高组九州分公司负责。光吉于昭和四十二年（1967）制定了八女市中心部分的再开发计划，该建筑作为计划的据点设施之一被建造。

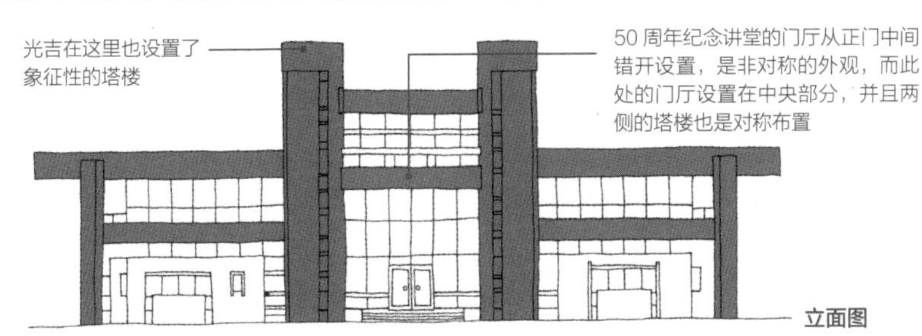

光吉在这里也设置了象征性的塔楼

50周年纪念讲堂的门厅从正门中间错开设置，是非对称的外观，而此处的门厅设置在中央部分，并且两侧的塔楼也是对称布置

立面图

光吉认为公民馆是发展社会教育的基础设施，但在这类设施内部，很多房间彼此间却没有关联性。因此他采用了将作为交流空间的玄关大厅设置在建筑中心，其他房间围绕玄关大厅布置的方案

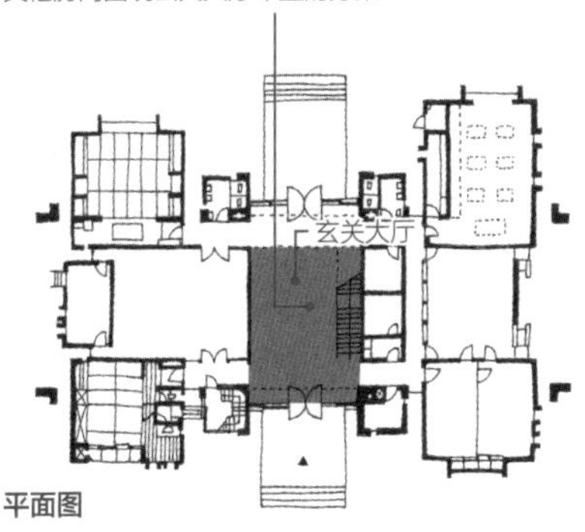

平面图

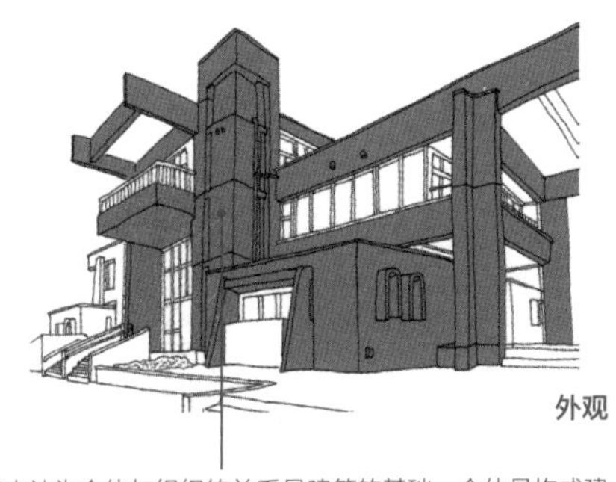

外观

光吉认为个体与组织的关系是建筑的基础，个体是构成建筑的部件（单位空间），组织是整个建筑（最终表达）。他认为在创造的过程中将个体分解，确立个体的主体性，增加个体之间相互有机的关联性，将它们作为整体进行梳理，用若干单位空间（房间）及交流空间的统一来构成建筑空间是很有必要的

人物关系图

丹下健三
光吉健次
坂井猛

光吉健次从昭和二十五年（1950）到昭和三十年（1955）在丹下研究室学习，其间参与了广岛和平会馆本馆和东京都厅等的规划，这也是丹下在创作中试图结合传统风格的时期。师从光吉的坂井猛在九州大学延续了他在城市规划方面的研究。

1925年　生于鹿儿岛县
1950年　东京大学第二工学部建筑学科毕业，同年考入东京大学研究生院，在丹下健三研究室从事实施设计
1955年　东京大学研究生毕业，任九州大学副教授
1960年　设计九州大学建筑学教室
1967年　设计九州大学50周年纪念讲堂
1971年　取得东京大学工学博士学位，任九州大学教授
1979年　任福冈市国土利用计划审议会会长，发表题为“东南亚东盟5个国家主要城市视察研究报告”（福冈联合国教科文组织协会城市问题研究会）
1986年　任福冈县文化座谈会主席
1988年　从九州大学退休，任财团法人福冈都市科学研究所（现公益财团法人福冈亚洲都市研究所）第一任理事长，任九州大学名誉教授，出版《明日的建筑和城市》
1994年　出版《遗产与创造另一段西洋建筑史》
2000年　3月逝世

九州大学50周年纪念讲堂竣工：1967年｜所在地：福冈县福冈市箱崎6-10-1
八女市中央公民馆竣工：1968年｜所在地：福冈县八女市本町599

日建设计工务

日本最大的设计事务所

口齿伶俐的论客

代表日建设计工务和日建设计时代的建筑师有林昌二。他负责了三爱梦想中心（1963）、信浓美术馆（1964）、PalaceSide 大厦（1966）等建筑的设计。小仓善明在追悼林时说道“不过年轻人似乎不喜欢毒舌的林先生”，林昌二是一个直言不讳的人，不过在很多的情况下，他能让其他人意识到在设计时应该考虑什么以及应该关注什么。

日建设计工务的野口孙市及长谷部锐吉是住友集团成员。明治三十三年（1900）以后它作为住友财阀的营缮部门开展活动。

第二次世界大战后财阀解体，它正式成为组织设计事务所。昭和十九年（1944）长谷部・竹腰建筑事务所被住友土地建筑株式会社收购，战争结束后于昭和二十年（1945）成为日本建设产业株式会社。昭和二十五年（1950），公司建筑部门独立，成立日建设计工务株式会社，昭和四十五年（1970）成为现在的日建设计株式会社。

日建设计工务初期的代表作

野口纪念馆（延冈市公会堂）由日建设计工务（负责人：冈桥作太郎、上田恒太郎、荻原清司、黄进兴、富田辉男、山本敏郎）负责设计。伊予银行总行由长谷部锐吉担任顾问，冢本猛次负责设计。

外观（野口纪念馆）

在圆柱的底部仍放置着当年完成时的沙发，保留了与过去相同的外观。这是一座深受当地人喜爱的建筑

作为单独的公共大厅建筑，是该公司极其早期的案例。同时，这也是使用幕墙的早期案例

外观（伊予银行总行）

伊予银行总行部分外观凹凸不平，整体外观呈现为方形，并利用此处竖立的细棱柱来设置玄关，两侧的墙壁也装饰有浮雕

冢本一直将长谷部锐吉当成父亲般敬重，受到他很大的影响

双核心的 PalaceSide 大厦

该建筑为被 Docomomo 所选定的林昌二的代表作，是一座钢架钢筋混凝土结构的办公楼。在不规则的场地中，它综合了办公室、报纸印刷工厂和购物街的功能，包含电梯和卫生间的东西两侧的圆筒形建筑通过走廊的连接形成动线。

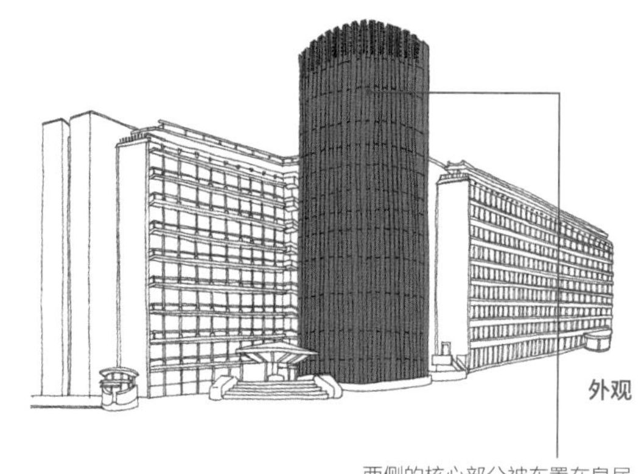
外观

西侧的核心部分被布置在皇居护城河的边缘地带，因此具有迎接从北之丸和东御苑步行前来的游客的地标性

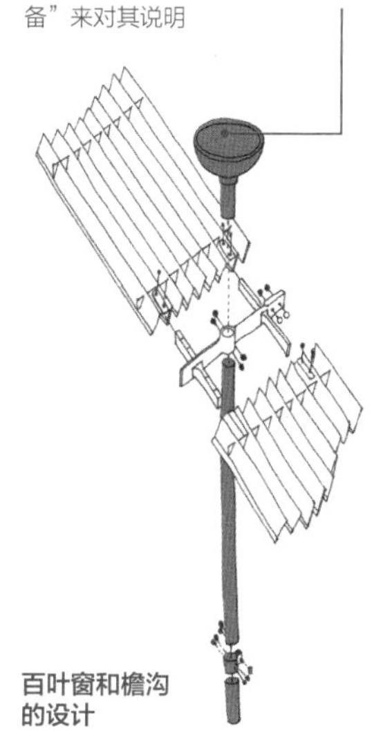

百叶窗和檐沟的设计

两座圆筒形建筑在东西方向的轴上对称配置。东侧位于首都高速公路的交叉点，沿着这条道路向西行驶，可以看到西侧同样令人印象深刻的圆筒形建筑

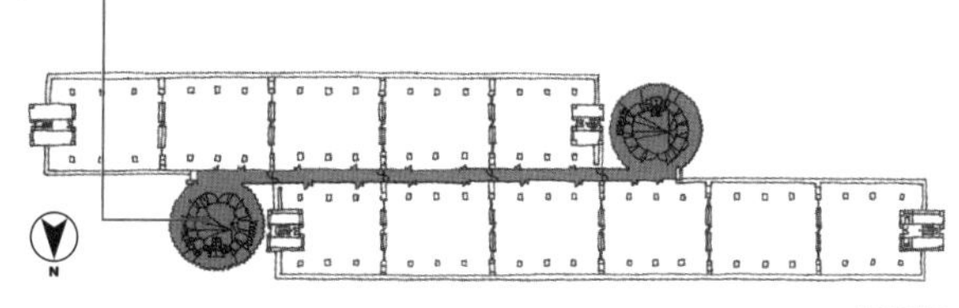

平面图

人物关系图

野口孙市
长谷部锐吉
日建设计工务
林昌二
林雅子

日建设计继承了长谷部锐吉、竹腰健造成立的长谷部·竹腰建筑事务所的血统。住友商事和日建设计都是战后成立的日本建设产业株式会社的前身。此外，林昌二的妻子林雅子作为住宅设计师而为人所知，留下了许多杰作。

1900 年　设置住友总部临时建筑部
1933 年　在住友合资会社的帮助下独立并创办长谷部·竹腰建筑事务所
1945 年　更名为日本建设产业株式会社，并与住友贩卖店全体合并成立新的商事部门
1950 年　该公司建筑部独立成立为日建设计工务株式会社
1953 年　林昌二从东京工业大学工学部建筑学科毕业，进入日建设计工务
1956 年　设立日建设计工务北海道事务所株式会社
1970 年　公司更名为日建设计株式会社，日建设计工务北海道事务所（株）更名为北海道日建设计株式会社，成立日建住房系统株式会社
1973 年　林昌二担任日建设计董事，并担任东京事务所副所长兼规划部长
1977 年　林昌二出任日建设计常务董事、东京本社代表
2006 年　日建设计综合研究所设立
2011 年　林昌二从日建设计退休，11 月 30 日逝世

野口纪念馆（改建中）：｜所在地：宫崎县延冈市东本小路 11-9-1
伊予银行总行竣工：1952 年｜所在地：爱媛县松山市南堀端町 1
PalaceSide 大厦竣工：1966 年｜所在地：东京都千代田区一桥 1-1

4 昭和时代（二战后）

内井昭藏

寻求对于人类来说健全的建筑形态

以打造自然的地区环境为目标

一些建筑师被称为架构师，他们是负责在某个地区内建造多个建筑群，并且协调包括外部空间整体设计的建筑师。他们的职责是协调负责各个建筑设计的建筑师和业主，并且通过对设计的调控来调整整体地区。内田是一位活跃的架构师，他有着强烈的使命感并且持续关注着社会，他将自己的注意力从单一建筑转向了整个地区的规划。

内井的建筑师生涯大部分都贡献给了建筑设计活动。他在菊竹事务所工作后成立了自己的事务所。之后，他于平成五年（1993）担任京都大学教授，平成八年（1996）担任滋贺县立大学教授，之后花了大约十年的时间来培养后辈人才。

他在滋贺县立大学对架构师进行了调研，并且成为提倡关注整体规划的建筑师。他的作品风格贯彻现代主义的同时，又营造装饰和有机形态。

樱台 Court Village 的 45 度平面

内井将他的代表作樱台 Court Village（集合住宅）定义为"对我来说是最重要、最值得纪念的作品。可以这么说，这是实现我的建筑理念的第一个成果。"这是一件试图通过创造一个集体住宅的空间来捕捉新的城市住房方式的概念作品。

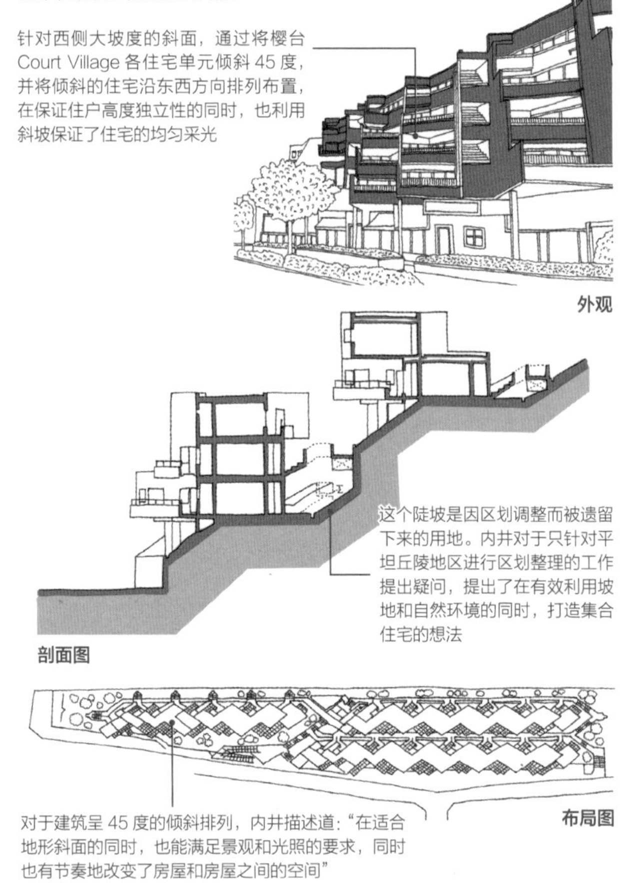

将艺术生活化的世田谷美术馆

内田作为策划加入了世田谷美术馆建设委员会，结构由松井源吾等人负责。世田谷美术馆重视日常艺术以及与世田谷地区的联系，设计理念是“公园美术馆”“生活空间化”和“开放化”。该建筑为地上二层、地下一层的钢筋混凝土构造并且带有塔屋的设施。

“公园美术馆”的用地位于砧公园的一角。设计时考虑到建筑会被自然环境影响，同时自然环境也会被建筑所利用，因此该建筑被分割为小尺寸以降低高度，减弱威严感，同时针对公园所必要的设施配置也进行了多次研讨

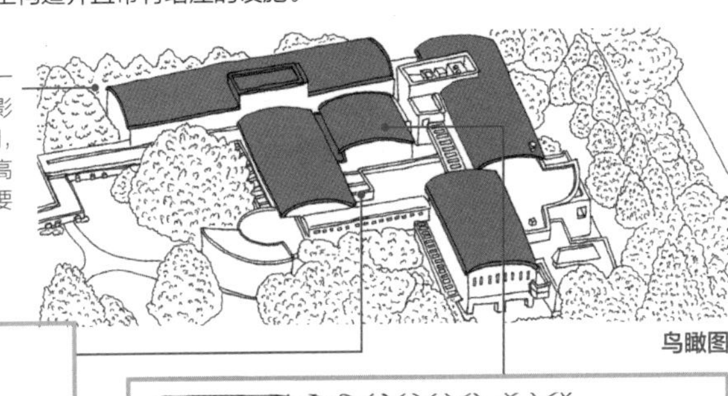

鸟瞰图

广场

“开放化”并不仅仅是设置大尺寸的窗户，而是以摆脱美术馆的框架为目标。为了达到这一目的，所有场地被设定为不仅可以展示而且可以进行表演的场所

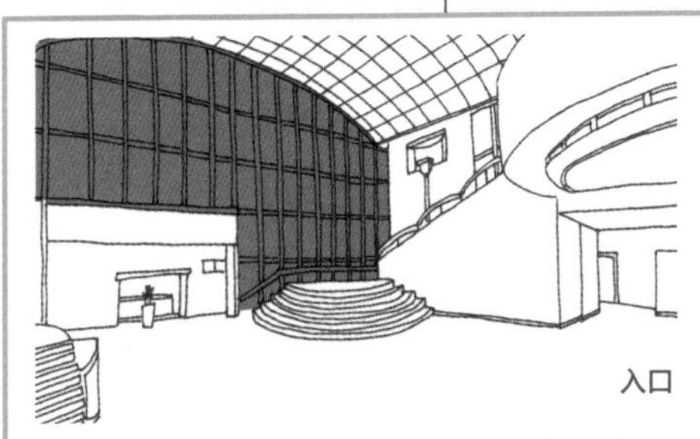

入口

内井说，区立美术馆与国立或都立美术馆不同，它是区民生活的一部分，对于它来说日常化是很重要的，这样人们才愿意长期停留在此。另外，美术虽然是从生活中衍生的，但美术馆却使得美术和人们的距离越来越远，为了拉进人们与美术的距离，展示空间的规模和内部装修被设计得如同住宅客厅一样

人物关系图

河村伊藏 — 内井进
内井昭藏
村上彻

内井的祖父是负责了函馆、丰桥（均为重要文化遗产）、白河正教会等设计的建筑师兼牧师的河村伊藏。父亲内井进是从事教会等建筑设计的建筑师。在内井昭藏的指导下学习的建筑师有广岛工业大学教授村上彻、工学院大学教授木下庸子和人间环境大学教授岛崎义治等。

1933年　2月20日生于东京都
1956年　早稻田大学第一理工学部建筑学科毕业
1958年　早稻田大学研究生院硕士课程毕业，担任菊竹清训建筑设计事务所董事兼副所长
1967年　开设内井昭藏建筑设计事务所（至1993年）
1985年　出版《健康的建筑》，设计世田谷美术馆
内井使用“健康建筑一一词，激发人们的想象力，并说明了富含创造力的建筑的重要性。他也认为建筑师的个性和自我主张过于强烈的建筑及由于工业化而过于同质化的城市这二者都不健康，指出应建造平衡两者，同时接受人们多样化生活方式的建筑
1989年　获得第45届日本艺术院奖（世田谷美术馆）
1993年　担任京都大学教授（至1996年），9月出版《建筑师的图纸1世田谷美术馆》
1996年　任滋贺县立大学教授（至2002年）
2000年　获京都市文化功劳者表彰，8月出版《现代主义建筑的轨迹 60年代的前卫性》
2002年　获勋三等旭日章，8月3日逝世

樱台Court Village竣工：1969年｜所在地：神奈川县横滨市青叶区樱台
世田谷美术馆竣工：1985年｜所在地：东京都世田谷区砧公园1-2

黑川纪章

进入政坛的世界级大师

介于艺术和社会性之间

黑川阅读了西山卯三的《未来住宅》后受到很大的启发，于是参加了京都大学的入学考试。出生于建筑世家的他在意识到社会和建筑的深厚关系的同时，也有一种将建筑视为艺术的感觉。但是他最后并没有将西山卯三的作品和民众论在理论上结合在一起，而是转向对丹下健三的作品感兴趣。在经历了这样的矛盾心理后产生了“共生思想”。

儿童王国花瓣休息所

这是位于原陆军田奈弹药库补给厂旧址的设施，目的是为纪念皇太子成婚，于昭和四十年（1965）开园。花瓣休息所是在开园同时建造的设施。浅田孝负责了总体规划。

黑川纪章与槙文彦、矶崎新等人都是丹下健三门下的代表性建筑师，也均为国际知名的建筑师。昭和三十年代后半期的年轻建筑师开始从城市的角度审视建筑，黑川也在“东京 1961 年修复计划”中提出了三维城市的概念。

他回忆说，他虽然参加了新陈代谢运动，但并没有在丹下研究室工作过，而是热衷于新陈代谢组织的工作。此外，他还以“共生思想”为主题进行设计。

2 栋都是以“花瓣”为原型进行设计的，该设计将开着的花和含苞待放的花抽象化后，建造的象征性建筑，并在其内侧打造了空间

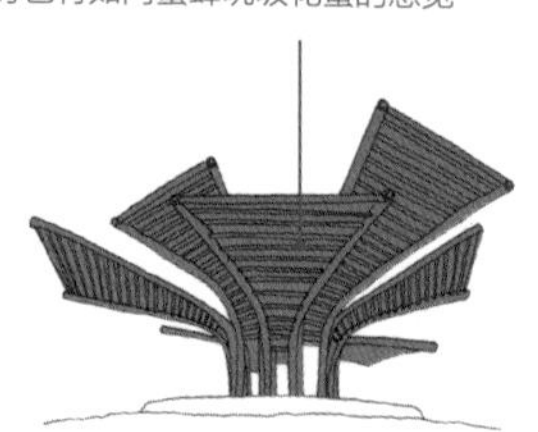

花瓣通过层层叠合来打造边界模糊的中间区域，其重叠部分就像蜜蜂吮吸花蜜的间隙。许多孩子聚集在此喝水时也有如同蜜蜂吮吸花蜜的感觉

外观

1934 年	4 月 8 日生于爱知县名古屋市
1957 年	京都大学工学部建筑学科毕业
1959 年	东京大学研究生学院工学研究科建筑学专业硕士毕业，参与成立新陈代谢组织
1962 年	开设黑川纪章建筑都市设计事务所
1964 年	取得东京大学工学研究科建筑学博士课程学分后退学
1965 年	获第 8 届高村光太郎奖造型类奖（儿童之国）
1969 年	任社会工程研究所所长
1978 年	获第 19 届每日艺术奖（国立民族学博物馆）
1985 年	担任阿根廷布宜诺斯艾利斯大学名誉教授

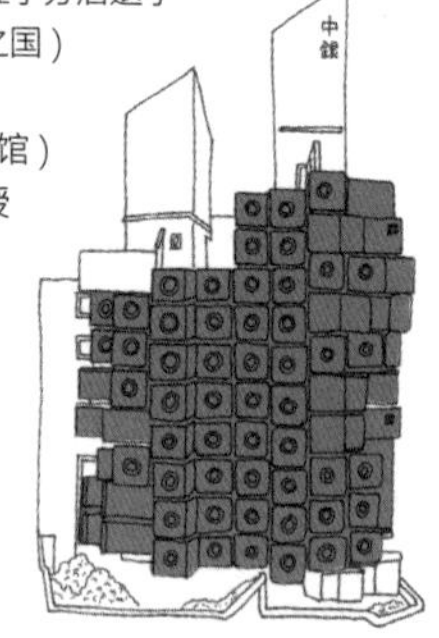

中银胶囊大楼

连接外部空间和内部空间的中间区域：福冈银行总部

该建筑位于福冈市商业中心地天神，是一座钢筋混凝土构造的办公楼。黑川在临街的一角，设置了屋檐高度为 45 米的长方体，以突出体块感，内侧挖出的长方体则作为用地内的外部空间，用来营造具有高度公共性的广场。

试图将这个广场设计为能够连接个体和整体的中间区域或中间体来实现共生。虽然它处于内部和外部之间的位置，但它也体现了部分和整体的共生，也是建筑与城市的共生，同时也是环境与建筑的共生

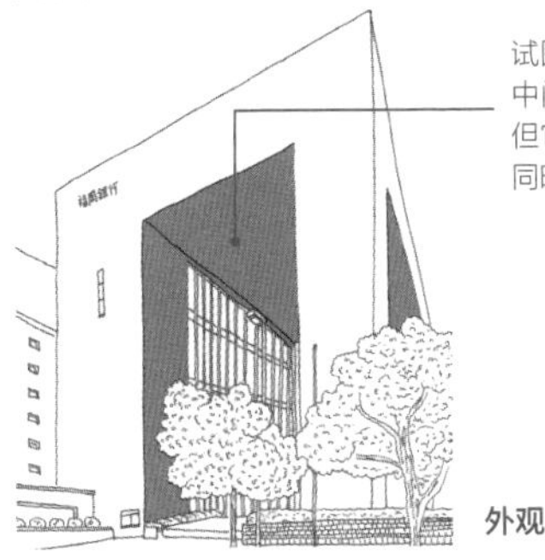

外观

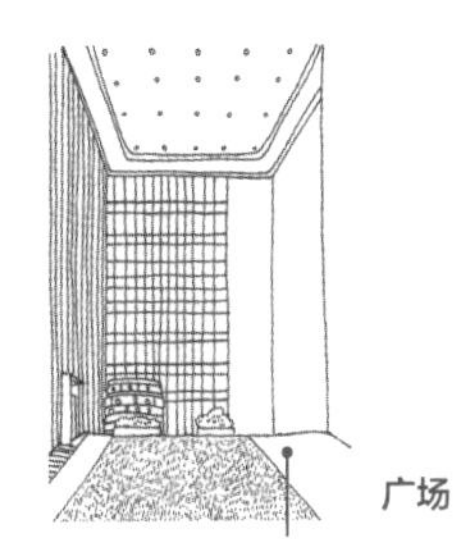

广场

在这座建筑中，黑川对“在城市将建筑广场化，在城市中建造一个带屋顶的媒体空间”“如何将广场视为自然的一部分”“使广场成为展示的空间”等进行了考虑。可以感受到黑川很看重建筑与城市的共生，环境与建筑的共生

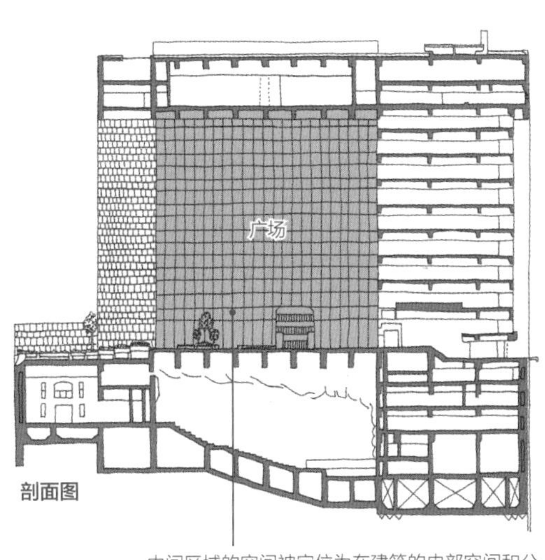

剖面图

中间区域的空间被定位为在建筑的内部空间和公共的外部空间一体化，所产生的极其模糊且多用途的空间。福冈银行总部的广场可以说是体现了这一点的案例

人物关系图

黑川巳喜

黑川纪章——黑川雅之

黑川纪章出生于建筑世家，父亲黑川巳喜和弟弟黑川雅之都是著名建筑师。黑川纪章年轻的时候，受到了在爱知县修建科工作的父亲的影响，从小就开始接受绘画和素描等训练。

（接左表）

1987 年	出版《共生的思想：在未来生活的方式》，黑川以轻松的方式将“通过异质事物的融合，升华为更高层次的事物”称之为共生的思想，他认为这种巨大的流动，肯定会改变我们的生活风格和生活观，同时产生比思想体系和哲学更强烈的影响。他在“21 世纪共生建筑与共生城市”中写道，它超越了城市与自然的二元论，超越了人与自然的二元论，是先进技术与自然的共生
1990 年	获日本建筑学会奖作品奖（广岛市现代美术馆）
2006 年	获文化功劳者表彰
2007 年	任东京都知事选举候选人，10 月 12 日逝世

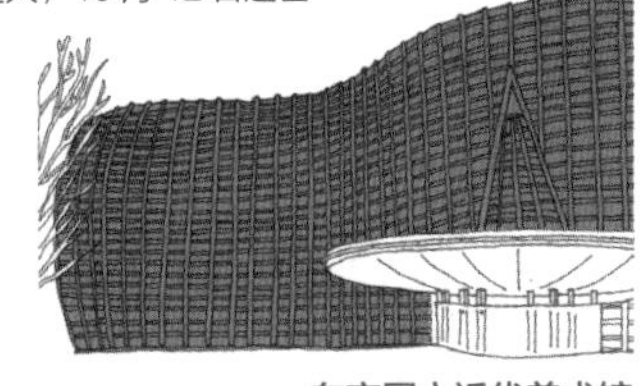

东京国立近代美术馆

儿童之国花瓣休息所竣工：1965 年｜所在地：神奈川县横滨市青叶区奈良町 700
福冈银行总部竣工：1971—1975 年｜所在地：福冈市中央区天神 2-13-1

4 东孝光

在狭小住宅的历史上留下了辉煌的名誉

昭和时代（二战后）

旧建筑保护的先驱

东孝光对旧建筑的保存和再利用感兴趣的原因是他认为建筑是有限的，是可以进行新陈代谢的，因此建筑是不可以被拆除的，他想尽可能地为使用它的人和继承它的人延长建筑的生命，而这也正是他想体现的价值。他曾说："对于建筑师来说，仅仅通过比较建筑的经济价值就判断拆除与否是片面且令人遗憾的，如果我们不探讨建筑真正的价值，明天遭受损失的就会是我们自己。"

东孝光因在近代住宅史上提出新的都市型住宅而被人们所熟知，他也是年纪轻轻就登上昭和四十三年（1968）创刊的《都市住宅》杂志封面的建筑师。

他与铃木恂、宫胁檀、藤井博已等一起被评为都市住宅派，是一个凭着年轻的感受力去探索新的都市型住宅，并致力于其设计的人物。此外，他也是一位专注于保存老建筑的建筑师，东孝光提出的东京银行总部保存计划，即使放在现在看也领先于时代。

先进的东京银行总部的单跨度保存计划

在欧美设计手法中，保存外墙的现象比较多见，但是在地震多发的日本，使外墙独立存放是很困难的。使钢架钢筋混凝土构造六层高的东京银行总部的外墙在施工中独立存放也是很难的一件事。在昭和五十年（1975），他提出了通过保存北侧和东侧两面形成的"L"形的空间来支撑并保存墙面的解决方法。

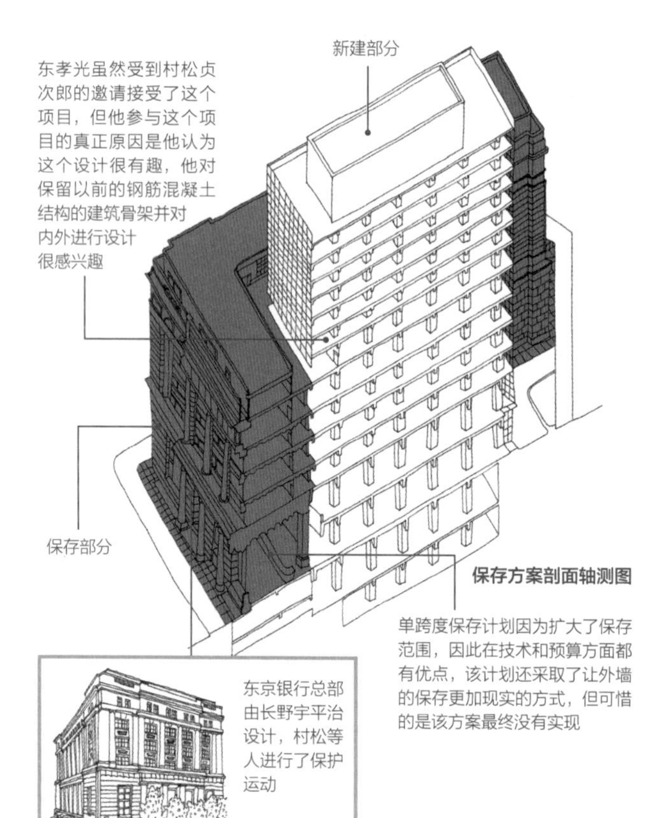

保存方案剖面轴测图

单跨度保存计划因为扩大了保存范围，因此在技术和预算方面都有优点，该计划还采取了让外墙的保存更加现实的方式，但可惜的是该方案最终没有实现

都市型狭小住宅的先驱——塔之家

建筑为钢筋混凝土构造的地上五层、地下一层的城市住宅。该建筑建于经济高速增长、地价飙升期间的东京市中心，东孝光利用狭小且不规整的土地，提出既不与城市割裂又创造生活空间的方案。

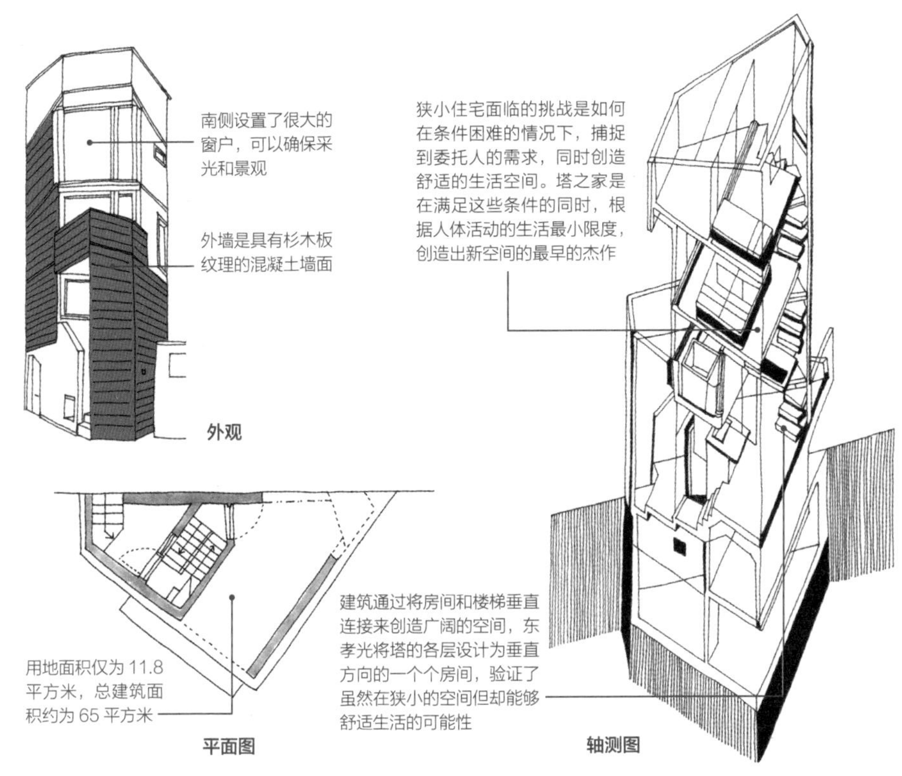

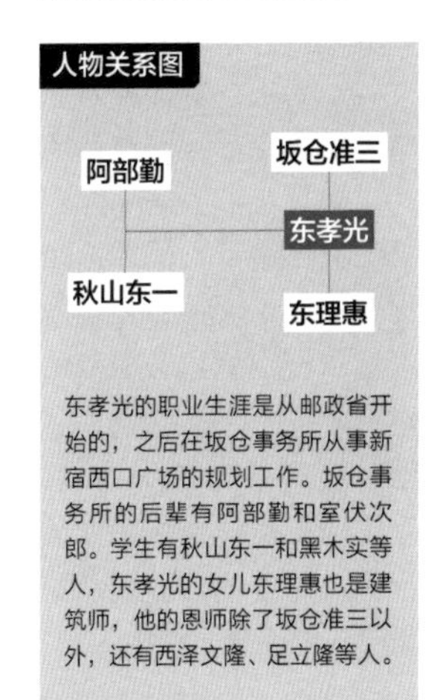

东孝光的职业生涯是从邮政省开始的，之后在坂仓事务所从事新宿西口广场的规划工作。坂仓事务所的后辈有阿部勤和室伏次郎。学生有秋山东一和黑木实等人，东孝光的女儿东理惠也是建筑师，他的恩师除了坂仓准三以外，还有西泽文隆、足立隆等人。

1933 年　9 月 20 日出生于大阪府大阪市
1957 年　大阪大学工学部构造工学科（建筑规划学专业）毕业，入职邮政省大阪邮政局建筑部设计科
1960 年　入职坂仓准三建筑研究所大阪事务所
1967 年　设立东孝光建筑研究室
1968 年　东孝光建筑研究室改组为东孝光建筑研究所
1971 年　设计粟辻宅邸
1976 年　任东京造形大学兼职讲师（至 1977 年）
1979 年　任东京电机大学兼职讲师（至 1981 年）
1980 年　任大阪大学兼职讲师
1982 年　设计羽根木之家
1985 年　任大阪大学工学部环境工学科教授，研究所改名为东环境建筑研究所
1990 年　出版《与设计者沟通都市型住宅设计方法》
1995 年　获日本建筑学会奖作品奖
1997 年　任大阪大学名誉教授、千叶工业大学工业设计系教授
1998 年　出版《城市住宅论》
2015 年　6 月 18 日逝世

东京银行总部单跨度保存计划｜未实现
塔之家竣工：1976 年｜所在地：东京都涩谷区神宫前 3

专栏

室内设计师

昭和四十年代到五十年代间，以仓俣史朗［昭和九年（1934）出生］、内田繁［昭和十八年（1943）出生］、杉本贵志［昭和二十年（1945）出生］等为代表，负责商业设施室内设计的室内设计师们开始活跃起来。得益于他们的设计活动，街市的形象也发生了改变。昭和二十九年（1954）成立的桑泽设计研究所是日本第一所设计教育机构，仓俣和内田等人都曾在那里接受过培训。之后于昭和三十八年（1963），日本第一所室内设计学校——Interior Center School（现在的ICS艺术学院）正式成立。内田回忆道："在当时我的认知中，我认为商业空间并不属于室内设计的范畴，应该由当不成建筑师的人来进行设计。但仓俣则认为商业空间也属于室内设计的范畴，因此他才踏入了这个领域。"仓俣认为商业空间是任何人都可以看到并且随时可以进去的空间，有很大的社会影响力，因此他计划利用商业空间来进行"游击"活动。但在昭和五十年代之后，室内设计开始泛滥，不基于理念而仅仅为了营造氛围，只进行表层的设计受到了批判。

战前时期，建筑师冈田信一郎曾负责设计春天咖啡馆（Café Printemps）的内部装饰，中村顺平、村野藤吾、松田军平等人负责过邮轮的内部装饰。日本专业室内设计师的先驱是木桧恕一和森谷延雄。随着大正十一年（1922）东京高等工艺学校的开设，木桧开始推进专注于空间、家具和日常生活行为的住宅空间的设计教育，旨在推广标准化和批量生产的模块化家具。森谷在大正十二年（1923）成为该校的教授，负责威廉·莫里斯与英国家具相关的教育，并坚持倡导将家具与美和生活联系起来的"通过美来统一生活"的这一主张。西洋设计师则有昭和八年（1933）来到日本的布鲁诺·陶特，以及昭和十五年（1940）受坂仓准三邀请来到工商部贸易局工作的夏洛特·佩里昂。陶特在昭和十一年（1936）负责了旧日向家热海别邸地下室（重要文化遗产）的内部装饰。佩里昂则更多关注于使用当地传统工艺和材料来建造展览空间以及家具的制作，同时他对日本的工艺设计也产生了影响。女性设计师则有被称为"女性建筑师第一人"的滨口美穗，滨口在战前就提出了贯彻男女平等的家庭生活空间理念的餐厅和厨房的设计。

滨口美穗在昭和十六年（1941）的展览会上率先提出旨在实现男女平等的平面设计方案

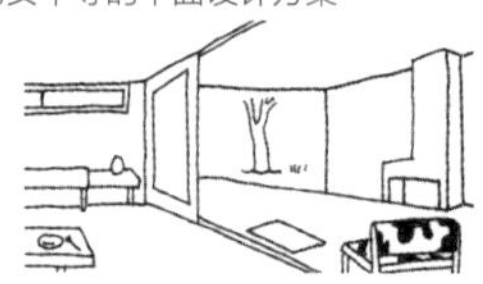

因为是地下室空间，因此特别重视内部装饰，目前已经成为重要的文化遗产

旧日向家热海别邸地下室（1936年）

资料

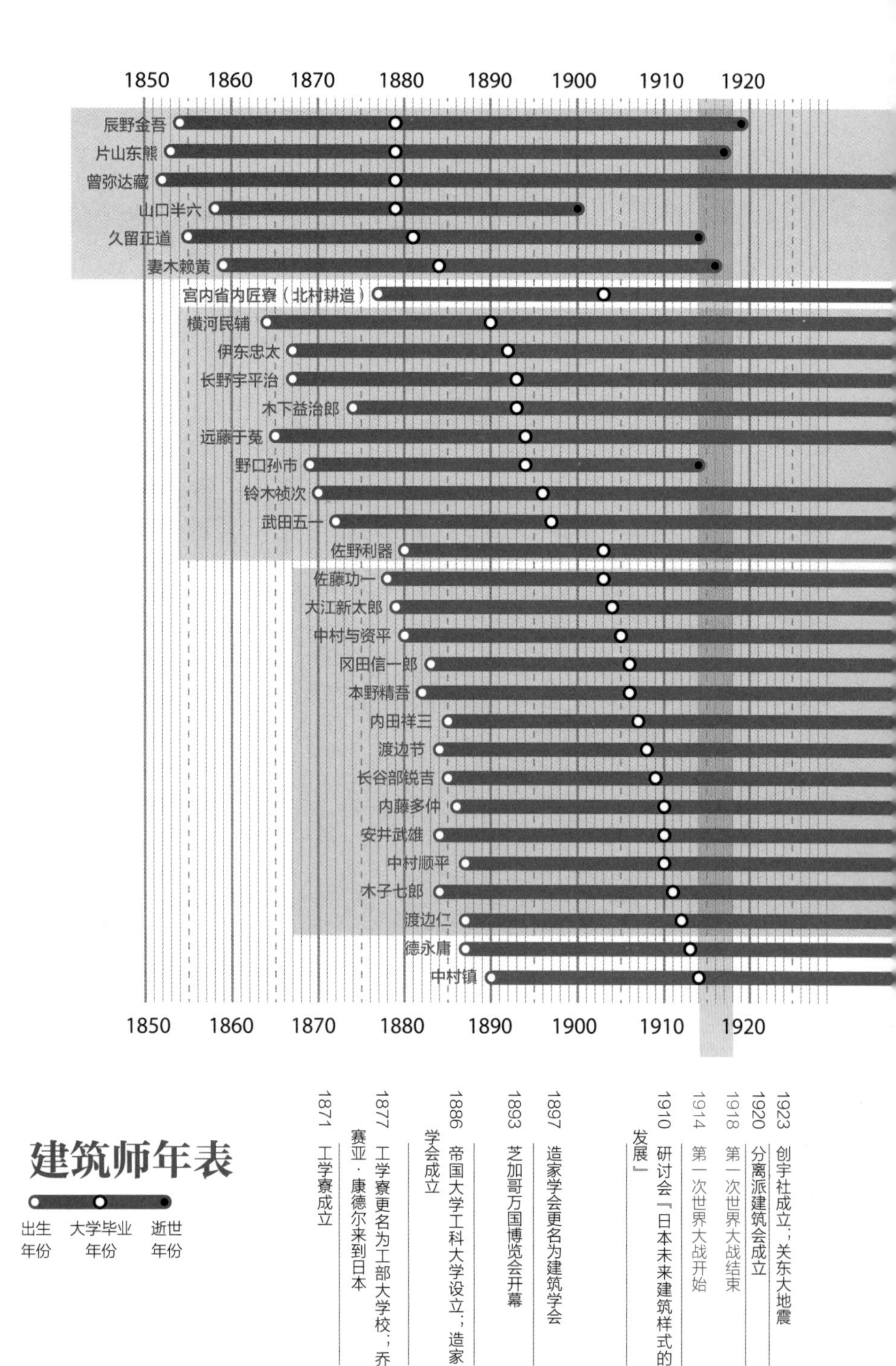

1850
1860
1870
1880
1890
1900
1910
1920
辰野金吾
片山东熊
曾弥达藏
山口半六
久留正道
妻木赖黄
宫内省内匠寮（北村耕造）
横河民辅
伊东忠太
长野宇平治
木下益治郎
远藤于菟
野口孙市
铃木祯次
武田五一
佐野利器
佐藤功一
大江新太郎
中村与资平
冈田信一郎
本野精吾
内田祥三
渡边节
长谷部锐吉
内藤多仲
安井武雄
中村顺平
木子七郎
渡边仁
德永庸
中村镇
1850
1860
1870
1880
1890
1900
1910
1920
建筑师年表
出生年份
大学毕业年份
逝世年份
1871 工学寮成立
1877 工学寮更名为工部大学校；乔赛亚·康德尔来到日本
1886 帝国大学工科大学设立；造家学会成立
1893 芝加哥万国博览会开幕
1897 造家学会更名为建筑学会
1910 研讨会『日本未来建筑样式的发展』
1914 第一次世界大战开始
1918 第一次世界大战结束
1920 分离派建筑会成立
1923 创宇社成立；关东大地震

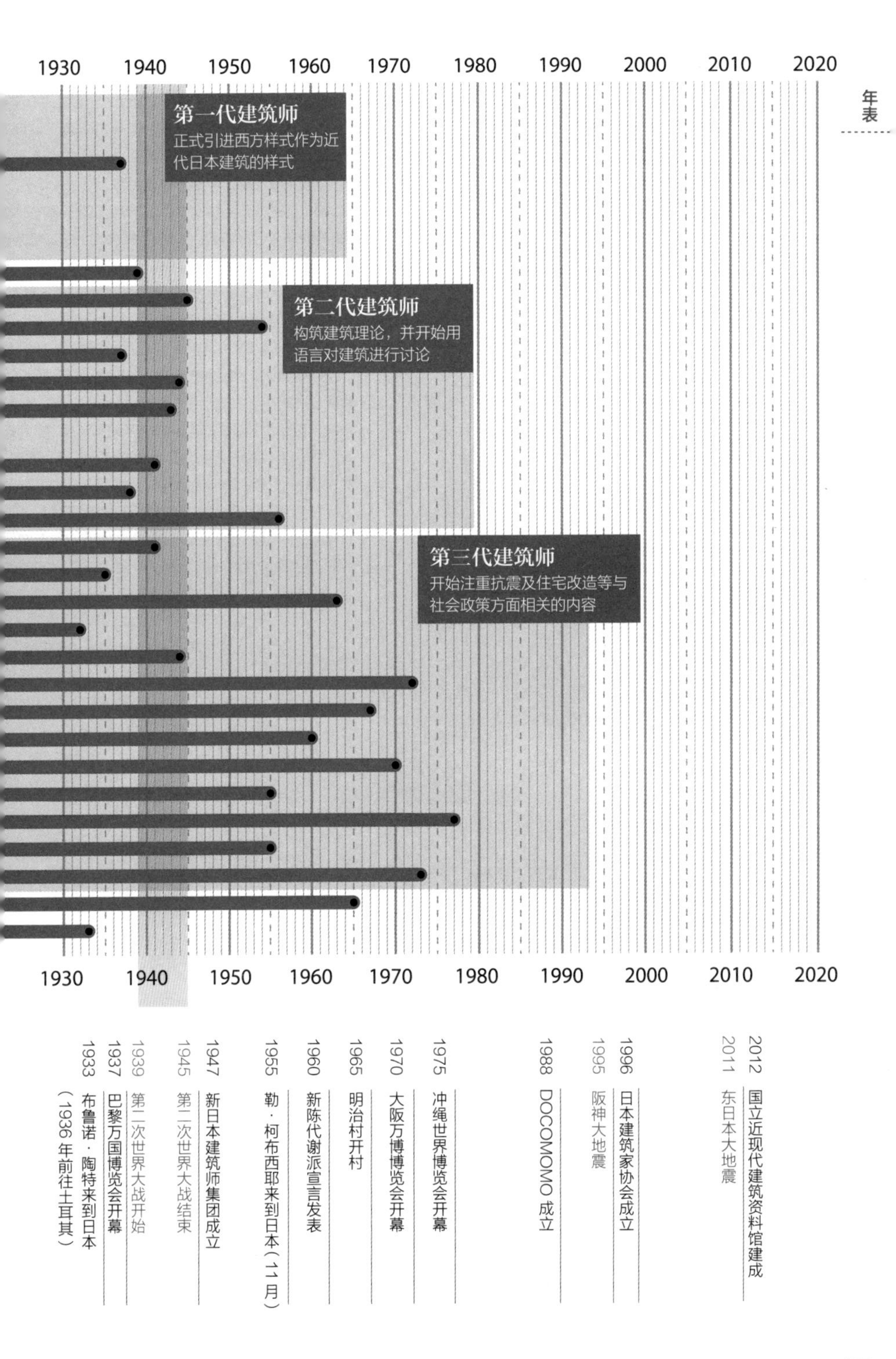
1930
1940
1950
1960
1970
1980
1990
2000
2010
2020
第一代建筑师
正式引进西方样式作为近代日本建筑的样式
第二代建筑师
构筑建筑理论，并开始用语言对建筑进行讨论
第三代建筑师
开始注重抗震及住宅改造等与社会政策方面相关的内容
1933 布鲁诺·陶特来到日本（1936年前往土耳其）
1937 巴黎万国博览会开幕
1939 第二次世界大战开始
1945 第二次世界大战结束
1947 新日本建筑师集团成立
1955 勒·柯布西耶来到日本（11月）
1960 新陈代谢派宣言发表
1965 明治村开村
1970 大阪万博博览会开幕
1975 冲绳世界博览会开幕
1988 DOCOMOMO 成立
1995 阪神大地震
1996 日本建筑家协会成立
2011 东日本大地震
2012 国立近现代建筑资料馆建成

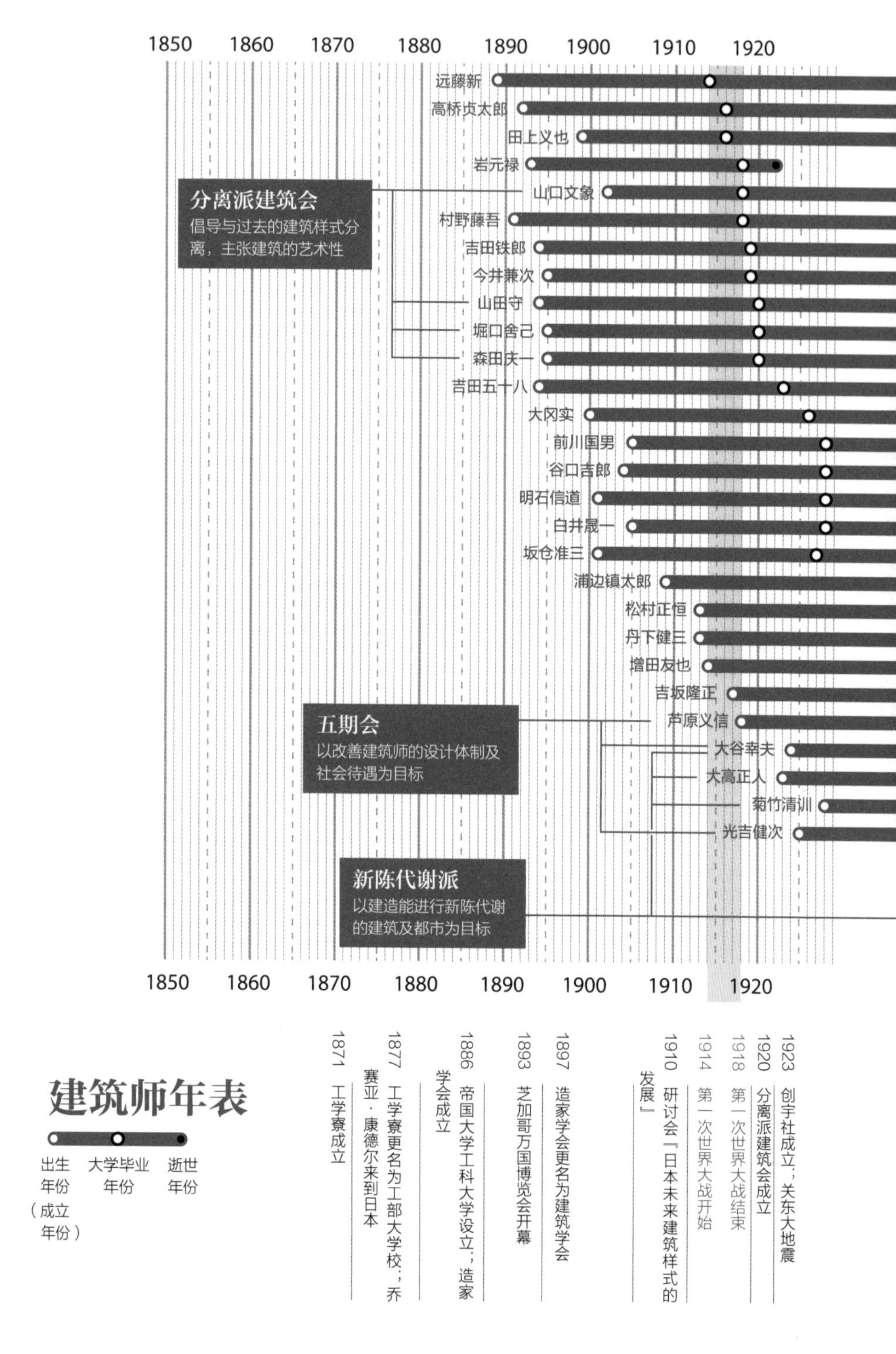

1850
1860
1870
1880
1890
1900
1910
1920
远藤新
高桥贞太郎
田上义也
岩元禄
山口文象
村野藤吾
吉田铁郎
今井兼次
山田守
堀口舍己
森田庆一
岸田日出刀
大冈实
前川国男
谷口吉郎
明石信道
白井晟一
坂仓准三
浦边镇太郎
松村正恒
丹下健三
增田友也
吉坂隆正
芦原义信
大谷幸夫
大高正人
菊竹清训
光吉健次
分离派建筑会
倡导与过去的建筑样式分离，主张建筑的艺术性
五期会
以改善建筑师的设计体制及社会待遇为目标
新陈代谢派
以建造能进行新陈代谢的建筑及都市为目标
1871 工学寮成立
1877 工学寮更名为工部大学校；乔赛亚·康德尔来到日本
1886 帝国大学工科大学设立；造家学会成立
1893 芝加哥万国博览会开幕
1897 造家学会更名为建筑学会
1910 研讨会『日本未来建筑样式的发展』
1914 第一次世界大战开始
1918 第一次世界大战结束
1920 分离派建筑会成立
1923 创宇社成立；关东大地震
建筑师年表
出生年份（成立年份）
大学毕业年份
逝世年份

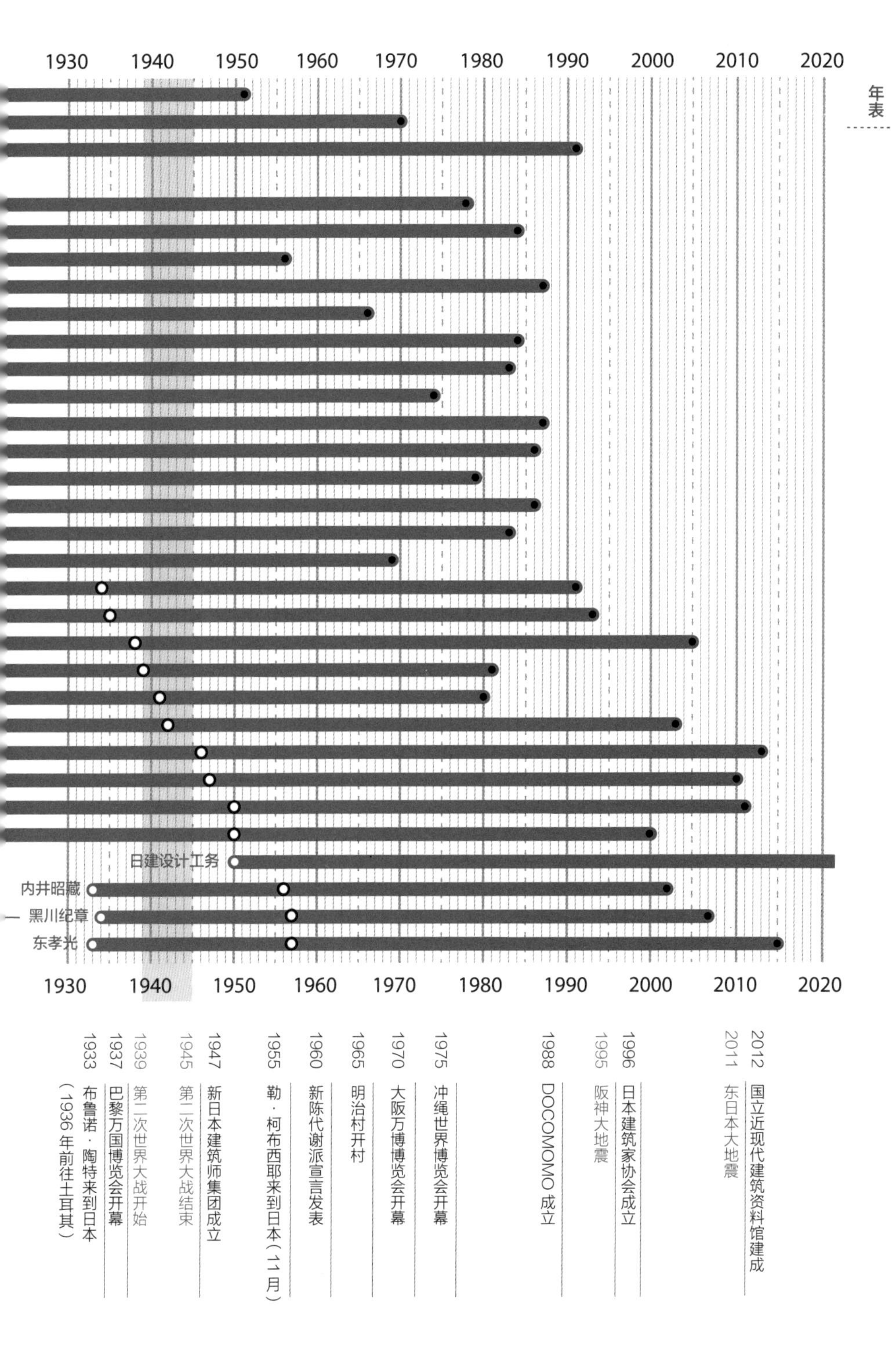

1930
1940
1950
1960
1970
1980
1990
2000
2010
2020
日建设计工务
内井昭藏
黑川纪章
东孝光
1933 布鲁诺·陶特来到日本（1936年前往土耳其）
1937 巴黎万国博览会开幕
1939 第二次世界大战开始
1945 第二次世界大战结束
1947 新日本建筑师集团成立
1955 勒·柯布西耶来到日本（11月）
1960 新陈代谢派宣言发表
1965 明治村开村
1970 大阪万博博览会开幕
1975 冲绳世界博览会开幕
1988 DOCOMOMO 成立
1995 阪神大地震
1996 日本建筑家协会成立
2011 东日本大地震
2012 国立近现代建筑资料馆建成

建筑物列表

※ **有形文化财是指有形文化所产生的在日本历史或艺术方面具有较高价值的文化载体（包括与本体有关的部分以及对其价值形成具有意义的土地及其他部分）以及考古资料和其他具有较高学术价值的历史资料，包括建筑物、美术工艺品等。**

重要文化财，即文化财指定制度所选定的文化财，并且可分成两类（重要文化财和国宝）。指定制度是通过严格的规定和精心的保护，永久保存对日本来说价值极高的文化财的制度。

登录有形文化财，即在文化财登录制度保护下的文化财。于 1996 年形成的较新的保护和有效利用文化财的制度，其目的是将文化财作为资产及文化进行有效利用，采取以申报制度和指导、建议、劝阻等为主要形式的宽松的保护措施。

资料来源

建筑通史与指南

現代日本建築家全集 2 巻、3 巻、5 巻、11 巻、12 巻、14 巻，三一書房，1971-1974

昭和住宅史（新建築臨時増刊号）、新建築社、1976.11

坂本勝比古：西洋館、小学館、1977

村松貞次郎：日本近代建築の歴史、日本放送出版協会、1977

日本近代建築史再考、新建築社、1977.3

日本の様式建築、新建築社、1977.3

佐々木宏編：近代建築の目撃者、新建築社、1977.4

近代建築史概説、彰国社、1978

建築ガイドブック（西日本編、増補）、1978、（東日本編）、1983、新建築社

日本の建築明治大正昭和 2~10 巻、三省堂、1979-1982

日本の建築家（新建築臨時増刊号）、新建築社、1981.12

近江栄、藤森照信編：近代日本の異色建築家、朝日新聞社、1984.8

総覧日本の建築 1~9 巻、新建築社、1986-2002

東京建築探偵団：建築探偵術入門、文藝春秋、1991

藤森照信：日本の近代建築上、下、岩波書店、1993

京都市文化観光資源保護財団：近代京都の名建築、同朋舎出版、1994

西洋建築様式史、美術出版社、1995.3

新建築創刊 70 周年記念号、現代建築の軌跡、新建築社、1995.12

藤森照信：建築探偵神出鬼没、朝日新聞社、1997

角幸博監修：函館の建築探訪、北海道新聞社、1997

近江栄：光と影、蘇る近代建築史の先駆者たち、相模書房、1998.1

図説近代建築の系譜、彰国社、1998.3

日本建築協会 80 年史、日本建築協会、1999.3

太田博太郎監修：日本建築様式史、美術出版社、1999.8

桐敷真次郎：明治の建築、本の友社、2001

内田青蔵他：図説近代日本住宅史、鹿島出版会、2001

堀勇良：外国人建築家の系譜、至文堂、2003

建築 MAP 京都、TOTO 出版、2004.9

日本建築学会編：コンパクト建築設計資料集成インテリア、丸善、2011

中国地域のよみがえる建築遺産、中国地方総合研究センター、2013

佐藤達生：図説西洋建築の歴史、河出書房新社、2014.8

展会名录

浜松が生んだ名建築家——中村與資平、浜松市立中央図書館、1989

妻木頼黄と臨時建築局、博物館明治村、1990

DOCOMOMO20JAPAN　文化遺産としてのモダニズム建築展ドコモモ 20 選、文化遺産としてのモダニズム建築展実行委員会、2000

二村悟：渋谷五郎、旧スイス大使館（翠州亭）展示解説、2011

建築史家——大岡實の建築、川崎市立日本民家園、2013

堀口捨巳展、とこなめ陶の森、2015

光吉健次生誕 90 周年記念回顧展「明日の建築と都市展」資料（作成・坂井猛、市原猛志）、2015

研究报告

佐賀県の近代化遺産、佐賀県教育委員会、2002

愛知県の近代化遺産、愛知県教育委員会、2005

木下益治郎（松山哲則所蔵）関係史料目録、株式会社医院企画プロジェクト、2007.6

奈良文化財研究所編：萬翠荘調査報告書、愛媛県教育委員会、2010

えひめ地域政策研究センター編：愛媛県の近代化遺産調査、愛媛県教育委員会、2013

二村悟：国立天文台国登録有形文化財所見、2013

築地本願寺修復工事報告書、三菱地所設計リニューアル建築部、2013.10

李王家東京邸歴史調査報告書、私家版、2010.10

髙島屋東京店建造物歴史調査報告書、株式会社髙島屋、2010.12

书籍

山口博士建築図集、国会図書館蔵、明治後期

花房吉太郎、山本源太編：日本博士全伝、博文館、1892

第五回内国勧業博覧会審査官列伝前編、金港堂、1903

大蔵省臨時建築部年報 1~4 巻、大蔵省臨時建築部、1912

日高胖編：野口博士建築図集、1920

馬場籍生：名古屋新百人物、珊珊社、1921

佐野利器：住宅論、福永重勝、1925

建築写真集第四輯、竹中工務店、1939

INTERIOR1、インテリア・センター・スクール、1965.4

母里嘉久編：徳永庸追想録、徳永安喜、1977

現代の建築家——白井晟一、SD 編集部編、鹿島出版会、1978.12

現代の建築家——丹下健三、SD 編集部編、鹿島出版会、1980.7

向井覚：建築家吉田鉄郎とその周辺、相模書房、1981

内井昭蔵：別冊新建築日本現代建築家シリーズ 2、新建築社、1981.4

現代の建築家——菊竹清訓、SD 編集部編、鹿島出版会、1981.6

堀勇良：日本における鉄筋コンクリート建築成立過程の構造技術史的研究、東京大学博士学位論文、1982.3

別冊新建築日本現代建築家シリーズ 4　東孝光、新建築社、1982.4

堀口捨己：現代の建築家、SD 編集部編、鹿島出版会、1983.3

専門学校インテリアセンタースクール 20 年史、1984.5

黒川紀章：別冊新建築日本現代建築家シリーズ 10、新建築社、1986.3

遠藤新生誕 100 年記念　人間・建築・思想、INAX 東京ショールーム , 1989

日建設計の歴史（1900-1990）、日建設計、1990.07

小西隆夫：北浜五丁目十三番地まで日建設計の系譜、創元社、1991

芦原義信：東京の美学、岩波書店、1994

松村正恒：無級建築士自筆年譜、住まいの図書館出版局、1994.6

角幸博：マックス・ヒンデルと田上義也大正・昭和前期の北海道建築界と建築家に関する研究、北海道大学博士学位論文、1995

井内佳津恵：田上義也と札幌モダン、北海道新聞社、2002

倉片俊輔：伊東忠太の建築理念と設計活動に関する研究、早稲田大学博士学位論文、2004

鈴木博之：皇室建築、内匠寮の人と作品、建築画報社、2005

タワー—内藤多仲と三塔物語（LIXIL BOOKLET)、INAX 出版、2006

features 今和次郎と吉阪隆正　師弟のまなざしと青森の都市・農村・雪、Ahaus、2008.3

加地邸保存の会監修：加地邸をひらく、一般財団法人住宅遺産トラスト、2014

松田高明＋工学院大学後藤治研究室：モガミの町火消し達、Opa Press、2017

日本建筑学会论文集

谷川正己：岡田信一郎の建築観について、日本建築学会研究報告集、1962.7

山田守：京都の新旧都市計画について、日本建築学会論文報告集号外、1965.9

堀口甚吉：山口半六博士の日本火災保険株式会社の設計製図について、日本建築学会論文報告集、1966.10

石田潤一郎：武田五一の建築観について、日本建築学会近畿支部研究報告集、1976.6

伊藤俊英他：建築家中村鎮と中村式鉄筋コンクリートブロック、日本建築学会北海道支部研究報告集、1982.3

角幸博他：田上義也の初期作品について、日本建築学会大会学術講演梗概集、1985.9

藤岡洋保他：大江新太郎の神社建築観、日本建築学会大会学術講演梗概集、1992.8

西澤泰彦：建築家中村與資平の経歴と建築活動について、日本建築学会計画系論文報告集、1993.8

石崎順一：日本におけるモダンアーキテクチュアの成立過程に関する研究（1）：本野精吾西陣織物館をめぐって、日本建築学会大会学術講演梗概集、1994.7

米山勇：東京市政調査会館及東京市公会堂の意匠変更が意味するものについて、日本建築学会学術講演梗概集、1997.7

石井智樹他：建築家田上義也の戦後の建築活動、日本建築学会北海道支部研究報告集、1999.3

長谷川直司他：「鎮ブロック構造」構工法のバリエーション、日本建築学会大会学術講演梗概集、1999.7

片野博他：建設産業に果たした横河民輔の役割我が国の建築生産における品質概念の史的展開について、日本建築学会研究報告九州支部、2000.3

笠原一人：「日本インターナショナル建築会」における本野精吾の活動について、日本建築学会近畿支部研究報告集、2001.5

川道麟太郎他：伊東忠太の「建築進化論」について（下）その意義と作用、日本建築学会計画系論文集 554、2002

高原達矢、松山哲則他：建築家、木下益治郎に関する研究 2　経歴と建築活動について、日本建築学会大会学術講演梗概集、2007.8

大宮司勝弘他：山田守設計による京都タワービルの設計過程に関する研究、日本建築学会計画系論文集、2009.2

酒井一光：建築家、中村順平の設計活動についての一考察、平成 25 年度日本建築学会近畿支部研究発表会、2013

市川秀和：増田友也の生涯と思索の道、日本建築学会近畿支部研究報告集、2013.5

長岡大樹：増田友也の建築作品リスト、日本建築学会大会学術講演梗概集、2015.9

日本建筑学会刊物

横浜正金銀行建築要覧、建築雑誌、1905.5

東京倉庫會社：建築雑誌、1906.2、1906.1

伊東忠太：建築進化の原則より見たる我邦建築の前途、建築雑誌、1909.1

故正員工學博士野口孫市君、建築雑誌、1915.11

明治神宮寶物殿懸賞競技當選圖、建築雑誌、1915.11

故正員工學博士妻木頼黄君、建築雑誌、1915.12

鈴木禎次：辰野博士に關する諸家の感想辰野先生に關する小生の感想、建築雑誌、1915.12

片山博士を弔ふ、建築雑誌、1917.1

辰野金吾逝去記事、建築雑誌、1919.4

大江新太郎：明治神宮社殿御造營工事梗概、建築雑誌、1921.1

中村順平：横濱高等工業學校建築學科入學志望者へ、建築雑誌、1925.1

三越呉服店本店、建築雑誌、1927.11

早稲田大学記念大講堂建築工事概要、建築雑誌、1927.12

鈴木禎次：名古屋に於ける建築の今昔感、建築雑誌、1931.11

岡田信一郎君を弔ふ、建築雑誌、1932.5

明治建築座談會（第 2 回）、建築雑誌、1933.1

大江新太郎君を弔ふ、建築雑誌、1935.9

中條精一郎逝去記事、建築雑誌、1936.5

塚本靖：建築學會創立 50 年の回顧、建築雑誌、1936.10

回顧座談會（建築学会創立 50 周年の第 2 回座談会（昭和 11 年 2 月 13 日））、建築雑誌、1936.10

曾禰達藏君を弔ふ、建築雑誌、1938.2

長野宇平治逝去記事、建築雑誌、1938.3

武田五一逝去記事、建築雑誌、1938.6

佐藤功一逝去記事、建築雑誌、1941.9

今井兼次、穂積信夫：名古屋テレビ塔の計画について、建築雑誌、1954.10

内藤多仲：名古屋テレビ塔の設計々画、建築雑誌、1954.10

法隆寺昭和修理（法隆寺昭和修理特集）、建築雑誌、1955.4

村野藤吾氏作品、建築雑誌、1955.6

佐野利器逝去記事、建築雑誌、1957.2

谷口吉郎：秩父セメント株式会社·第 2 工場、建築雑誌、1957.7

建築教育に対する 70 氏の意見，建築雑誌 1958.3

白石博三：意匠、建築雑誌、1960.2

吉田五十八：建築の日本的ということ、建築雑誌、1963.2

都市計画委員会、人口土地部会：人工土地成立条件・効果・計画、建築雑誌、1963.11

村田政真：吉田五十八先生の横顔、建築雑誌、1965.7

浦辺鎮太郎：倉敷国際ホテル、建築雑誌、1965.8

今井兼次作品（40 年度芸術院賞受賞一連の作品）、建築雑誌、1966.7

谷口吉郎、菊池重郎：財団法人明治村の設立について（明治建築の保存と明治村の開設）、建築雑誌、1966.12

渡辺節逝去記事、建築雑誌、1967.4

坂倉準三先生逝去、建築雑誌、1969.10

座談会、大正の建築を語る、建築雑誌、1970.1

大高正人：徹底した基礎教育を、建築雑誌、1970.4

坂本勝比古：旧伊庭貞剛邸（現住友活機園）の建築について、建築雑誌、1970.8

内藤多仲先生を悼む、建築雑誌、1970.12

内井昭、45 年度学会賞受賞作品（桜台コートビレジ）、建築雑誌、1971.7

森田慶一：建築論一般について、建築雑誌、1972.7

坂静雄：恩師内田祥三先生を偲ぶ、建築雑誌、1973.4

明石信道：『旧帝国ホテルの実証的研究』についての対話、建築雑誌、1973.8

大谷幸夫：歴史的景観と都市の計画、建築雑誌、1973.12

清家清：谷口吉郎先生おめでとうございます（谷口吉郎先生文化勲章受章）、建築雑誌、1974.4

光吉健次：地方都市の文化とその確立、建築雑誌、1975.7

主集、私の受けた教育、建築雑誌、1975.12

石原巖：恩師鈴木禎次先生の事ども，建築雑誌、1975.12

私の受けた建築教育 II、建築雑誌、1976.4

今井兼次：私の建築遍歴、建築雑誌、1977.8

私の受けた建築教育 III、建築雑誌、1977.10

村野藤吾、浦辺鎮太郎対談ヒューマニズムの建築、建築雑誌、1978.3

谷口吉郎先生を偲んで、建築雑誌、1979.4

大谷幸夫：歴史的町並と現代都市の課題、建築雑誌、1979.6

大谷幸夫：都市・建築へのインパクトとしての歴史的街区、建築雑誌、1979.8

堀勇良：煉瓦・鉄・コンクリート（主集日本の近代建築）、建築雑誌、1980.2

吉阪隆正逝去記事、建築雑誌、1981.2

大谷幸夫：金沢工業大学キャンパス北校地（昭和 57 年度日本建築学会賞）、建築雑誌、1983.8

わが建築青春記、建築雑誌、1983.9

山口廣：安井武雄の「自由様式」について、建築雑誌、1984.9

村野藤吾逝去記事、建築雑誌、1985.2

西澤泰彦：建築家中村與資平について、建築雑誌、1985.8

丹下健三：焼け野原から情報都市まで駆け抜けて、建築雑誌、1986.1

座談会「健康な建築」を考える、建築雑誌、1989.3

千葉市立美術館保存要望書、建築雑誌、1989.11

田中弥寿雄：東京タワーとエッフェル塔、建築雑誌、1990.10

大谷幸夫：千葉市立美術館鞘堂方式による保存と開発、建築雑誌、1991.12

片方信也：景観論争の系譜、建築雑誌 1992.6

三島雅博：明治期の万国博覧会日本館に関する研究、建築雑誌、1993.9

内井昭蔵：南大沢ベルコリーヌの事例　画期的な役割と人選、建築雑誌、1993.10

内井昭蔵：設計組織での教育から大学での教育へ（私の設計教育論）、建築雑誌、1994.9

藤森照信：建築設計教育事始め辰野金吾が受けた建築設計教育、建築雑誌、1994.9

菊竹清訓：スカイハウスの増改築とメタボリズム理論、建築雑誌、1994.11

光吉健次:東アジア型住宅と太平洋型住宅、建築雑誌、1994.12

内井昭蔵：健康な建築、建築雑誌、1999.5

林昌二："建築家"は、いなくてよいか、建築雑誌、1995.7

大谷幸夫：建築と都市の統合的把握に基づく一連の設計活動社会的活動・建築教育における功績（日本建築学会大賞）、建築雑誌、1997.8

野村加根夫：吉田五十八日本建築は凍れる長唄（人のいる風景）、建築雑誌、1998.12

藤森照信：追悼のことば（名誉会員丹下健三先生ご逝去）、建築雑誌、2005.11

藤森照信：何もできません、建築雑誌、2007.5

林昌二：その建築が社会を創る、建築雑誌、2008.6

小倉善明：林昌二氏を悼む、建築雑誌、2012.5

名誉会員大高正人先生逝去（会員フォーラム）、建築雑誌、2011.1

名誉会員菊竹清訓先生逝去（会員フォーラム）、建築雑誌、2012.6

西村幸夫：大谷幸夫先生の逝去を悼む、建築雑誌、2013.4

建築雑誌 1923.5、1955.4、1961.2、1975.12、1976.4、1999.5

杂志刊文等

米本晋一：日本橋改築、工学会誌 359 巻、1913

岡田信一郎：新日本の建築、大阪朝日新聞、1915.1.4

建築世界、1928.2

吉田五十八：近代数寄屋住宅と明朗性、建築と社会、1935.10

建築文化 1956.10、1968.3、1970.7

新建築 1963.9、1964.10、1965.3、1967.6、1968.2、3、10、1969.4、1973.12、1974.1、1976.6、1981.10、1985.1、1988.8

特集　堀口捨己、SD、1982.1

白井晟一：近代との相剋の軌跡、彰国社、建築文化 1985.2

住宅建築 1994.7、1998.12

特集　堀口捨己を再評価する、住宅建築、1995.6

角幸博：田上義也雪国型造型を求めた北の建築家、建築春、近代の人と技を探るその 12、住宅建築、1998.12

前田忠直：京大体育館前庭の白梅に想う、京都大学工学広報 No.49、2008.4

十代田知三：大学セミナーハウス・本館、コンクリート工学、2008.9

都市デザイン研マガジン Vol.195、東京大学都市デザイン研究室、2013.5.25

東京文化財研究所アーカイブデータベース　物故者記事

http：//www.tobunken.go.jp/materials/bukko

文化庁国指定文化財等データベース

http：//kunishitei.bunka.go.jp/bsys/index_pc.html

INAX REPORT on the WEB

http：//inaxreport.info/index.html　No.169、171、172、174、178、180、182、183、185、186、187、188、189

后记

我正式开始研究建筑是在平成十二年（2000）十一月拜访了工学院大学的后藤治教授之后，从那时开始我决定以近代建造的历史建筑作为调查研究的对象。然而，那时的研究对象既不是华丽的西洋建筑，也不是由著名建筑师设计的作品，而是以附属设施、小屋、工厂等“生计”（指作为生活手段进行的工作或是为谋生而进行的劳动活动等）相关设施为中心的被称为近代化遗产的建筑。

后藤教授是推动创建文化厅国家登录有形文化遗产制度的其中一人，随着与他交流和研究的深入，我对历史建筑的保护及再利用的意识不断提高，并开始关心如何才能创造这些建筑的“价值”。此后，我便以“发现和创造建筑的新价值”作为研究课题来探寻研究的方法论。同时，我还站在建筑和土木工程的视角对传统食品生产行业的实际情况进行了长达数十年的走访调查，并出版了《饮食与建筑土木》等书籍。同时我在 ICS 艺术学校教授设计方法分析、毕业设计、建筑计划学等方面的课

※ 本书中的一部分内容来源于平成二十八年（2016）至平成三十年（2018）科学研究费辅助金基础研究“公共机构标准规范对农业和渔业相关设施现代化的影响——以爱媛县为例”（代表研究者：二村悟）的一部分成果。

程，与校内同事们的日常交流也为完成这本书提供了无数支持与鼓励。

自平成二十七年（2015）七月接到责任编辑吉田和弘先生的企划联络书起，已经过去了3年。在此期间，吉田先生多次不辞辛苦亲自来到我所在的学校，与我一起商讨本书的内容及构成，对于本书的完成付出了巨大的努力。在即将出版发行之际，矢野伸辅先生也就页面的构成提出了宝贵的建议。

行文至此，我还要感谢堀勇良先生，他给我提出了很多宝贵的意见和指导。

写于生日当天。与女儿一起在静冈老家制作精茶享乐。

二村悟